国家级实验教学示范中心联席会
计算机学科组规划教材

教育部高等学校计算机类专业教学指导委员会
推荐教材

Python
语言程序设计教程

张　枢　　　主　编
范大鹏 李琳琳　副主编

清華大學出版社
北京

内 容 简 介

本书以程序设计为主线，以程序设计初学者为教学对象，系统讲解了 Python 语言的基础知识和实用工具。全书共 12 章，内容包括 Python 概述、Python 语言基础、组合数据类型、程序控制结构、函数与模块、文件操作、面向对象程序设计、异常处理、Turtle 绘制图形、Tkinter 图形用户界面、科学计算与可视化、网络爬虫。本书每个知识点后都有相关编程实例，方便读者上机练习，把握 Python 语言的特点，启迪编程思维。

本书可作为高等院校计算机相关专业本科生程序设计基础课程的教材，也可作为全国计算机等级考试及各类计算机培训班教材，亦可供软件工程师和广大计算机爱好者自学使用。

图书在版编目(CIP)数据

Python 语言程序设计教程/张枢主编. —北京：清华大学出版社，2024.1
国家级实验教学示范中心联席会计算机学科组规划教材
ISBN 978-7-302-64508-5

Ⅰ. ①P… Ⅱ. ①张… Ⅲ. ①软件工具－程序设计－教材 Ⅳ. ①TP311.561

中国国家版本馆 CIP 数据核字(2023)第 162999 号

责任编辑：陈景辉　薛　阳
封面设计：刘　键
责任校对：胡伟民
责任印制：丛怀宇

出版发行：清华大学出版社
　　网　　址：https://www.tup.com.cn，https://www.wqxuetang.com
　　地　　址：北京清华大学学研大厦 A 座　　**邮　　编**：100084
　　社 总 机：010-83470000　　**邮　　购**：010-62786544
　　投稿与读者服务：010-62776969，c-service@tup.tsinghua.edu.cn
　　质量反馈：010-62772015，zhiliang@tup.tsinghua.edu.cn
　　课件下载：https://www.tup.com.cn，010-83470236
印 装 者：三河市铭诚印务有限公司
经　　销：全国新华书店
开　　本：185mm×260mm　　**印　张**：16.5　　**字　　数**：412 千字
版　　次：2024 年 1 月第 1 版　　**印　　次**：2024 年 1 月第 1 次印刷
印　　数：1～1500
定　　价：59.90 元

产品编号：101549-01

前 言

近年来，随着互联网的迅速发展，相关的产业和领域也在不断地开拓，现在人工智能、物联网、数据分析无疑是新兴的热门行业，而 Python 作为其重要的支持语言之一也备受关注。

Python 语言是一种面向对象、解释型、动态数据类型的高级程序设计语言，具有简洁的语法规则，使用户学习程序设计更容易，同时具有非常完善的基础代码库，覆盖了网络、文件、GUI、数据库、文本等大量内容，被形象地称为“内置电池”。Python 的应用领域十分广泛，从简单的文字处理，到 Web 应用和游戏开发，甚至在数据分析、人工智能和航天飞机控制领域，都能找到 Python 的身影。从学习程序设计的角度，选择 Python 作为入门语言是十分合适的。

本书突出程序设计语言支撑专业的特色，从基本的程序设计思想入手，知识内容由浅入深，语法介绍以够用、实用和应用为原则，将必要的基础知识融会贯通到编程实例中，加深读者的学习和理解，是一本适合初学者学习的书籍。

本书主要内容

全书内容分为三个部分共 12 章。

第一部分　基础篇。第 1 章 Python 概述，介绍程序设计语言、Python 的发展历程、特点、下载与安装方法、Python 程序的格式框架。第 2 章 Python 语言基础，介绍变量和标识符、基本输入及输出函数、基本数据类型及数据类型转换。第 3 章组合数据类型，介绍组合数据类型的创建、访问、操作方法。第 4 章程序控制结构，介绍条件表达式、三种控制结构的语法和应用。第 5 章函数与模块，介绍函数定义与调用、参数传递、参数类型、变量作用域、递归函数、函数应用、模块与包。

第二部分　进阶篇。第 6 章文件操作，介绍文件操作概述、文件对象的方法、常用文件操作标准库。第 7 章面向对象程序设计，主要介绍创建类和类的属性、类的方法、作用域和命名空间、类的继承、私有成员等内容。第 8 章异常处理，介绍错误与异常、捕获并处理异常、抛出异常和自定义异常、断言处理。

第三部分　应用篇。第 9 章 Turtle 绘制图形，介绍 Turtle 绘图基础及应用示例。第 10 章 Tkinter 图形用户界面，介绍 Tkinter 基础及应用示例。第 11 章科学计算与可视化，介绍 NumPy、Pandas、Matplotlib 及其综合应用示例。第 12 章网络爬虫，介绍爬虫原理及 Scrapy 框架。

本书特色

(1) 由浅入深，循序渐进。

本书从基础知识入手，逐层深入，条理清晰。每章都设有"本章学习目标"和"本章习题"，以便读者学习新的技能和巩固所学知识。

(2) 精心策划，准确定位。

本书针对初学者的特点，精心设计编程示例，将必要的基础知识融会贯通到编程示例中，激发读者学习程序设计的热情，激活创新。

(3) 注重理论，联系实际。

本书语法介绍以够用、实用和应用为原则，将 Python 的语法融入问题求解中；从实际应用案例中抽取教学要素，重点强化模块化程序设计方法与基本算法的学习，让读者在学习的过程中潜移默化地提高计算思维能力。

(4) 代码完整，讲解详尽。

本书每个知识点都配有相应的示例代码，代码的关键点也有注释说明，同时给出了代码的运行结果。读者可以参照运行结果阅读源程序，便于加深理解。

配套资源

为便于教与学，本书配有源代码、教学课件、教学大纲、考试大纲、习题答案、授课计划表、软件安装包。

(1) 获取源代码和软件安装包的方式：刮开并用手机版微信 App 扫描本书封底的文泉云盘防盗码，授权后再扫描下方二维码，即可获取。

源代码

软件安装包

(2) 其他配套资源可以扫描本书封底的"书圈"二维码，关注后回复本书书号，即可下载。

读者对象

本书可作为高等院校计算机相关专业本科生程序设计基础课程的教材，也可作为全国计算机等级考试及各类计算机培训班教材，亦可供软件工程师和广大计算机爱好者自学使用。

本书由张枢任主编，范大鹏、李琳琳任副主编。第 1～3 章、第 7 章及附录部分由张枢编写，第 6 章、第 9～12 章由范大鹏编写，第 4 章、第 5 章、第 8 章由李琳琳编写。全书由张枢统稿。

在编写本书的过程中，作者参考了诸多相关资料，在此，对相关资料的作者表示衷心的感谢。限于个人水平和时间仓促，书中难免存在疏漏之处，欢迎广大读者批评指正。

编　者

2023 年 10 月

目 录

第一部分 基 础 篇

第二部分 进 阶 篇

第一部分

基础篇

第1章

Python概述

CHAPTER 1

本章学习目标

- 了解程序设计语言的发展过程。
- 了解 Python 语言的历史、特点及应用。
- 熟悉 Python 语言的环境搭建。
- 掌握 Python 语言 hello 程序的编写、运行。
- 掌握 Python 基本语法：注释、缩进、语句的续行。

Python 是一种面向对象、解释型、动态数据类型的高级程序设计语言，具有简洁的语法规则，使得学习程序设计更容易，同时它具有强大的功能，能满足大多数应用领域的开发需求。从学习程序设计的角度，选择 Python 作为入门语言是十分合适的。本章将介绍程序设计语言，Python 的发展历程、特点、应用领域、安装方法，并以 hello 程序为例来引领大家走进 Python 的世界。

1.1 程序设计语言

1.1.1 程序设计语言概述

程序设计语言(Programming Language)也称为编程语言,用于编写程序的计算机语言,它按照特定的规则组织计算机指令,使计算机能够自动进行各种操作处理。程序设计语言包含语法和语义。语法类似于人类的汉语或英语语法,表示构成语言的各个记号之间的组合规律。语义表示按照各种方法所表示的各个记号的特定含义。

1. 如何理解程序设计语言

在日常生活中,"语言"一词指的是自然语言。有了自然语言,人与人之间才能更方便、高效地交流。对于初学者来说,可以用类比学习中文或英文时的方法,来了解什么是程序设计语言。

计算机实际上就是通过控制数以亿计微小的晶体管相互连接而成的电路的通断而产生的不同结果来进行各种复杂的运算的。因此,如果想让计算机进行各种操作,就要去控制相应的电路。对于目前的计算机来说,已经从表面看不到电路,这是因为随着科技的发展,科学家和工程师们已经构建好了很多"中间层"。有了这些"中间层",就可以先把想实现的效果告诉"中间层",然后由"中间层"去控制电路实现最终的目标。

举一个小小的例子:当打开计算机的记事本并用键盘输入数字 1 时,你就会看到 1 出现在了记事本里。在这个情境中,只是轻轻地按了一下键盘,并没有控制什么电路,就能得到想要的效果。那是因为,在整个过程中,有好多"中间层"把按下数字 1 这个键的信息通过层层传递的方式,将其传到了最下面的一层,成功地实现了预期的电路通断,然后再通过许多"中间层"把这一信息传到屏幕上。而在这众多的"中间层"中,就有一个"中间层"被称为操作系统(Operating System)。

实际上,程序设计语言就是能和计算机进行沟通交流的语言。如果说得再确切一点,是和已经构建好的"中间层"进行沟通交流的语言。而用户想要做到和"中间层"进行有效的交流,就必须要遵循"中间层"的一些规则,即程序设计语言的语法。如今,在众多的程序设计语言中,正是因为那些程序设计语言的创造者们不满足于当时有的"中间层"的语法、功能、效率等,所以才要写一个"中间层",然后自行定义一套自认为最好的语法。然而事实上,现在已有成百上千种编程语言,其中只有少数的语法能被人广泛接受和被认为是功能强大的语言,以及在不断的更新迭代中被保留下来。目前,被广泛应用的"中间层"之一是 Python。

2. 程序设计语言的分类

从发展历程上来说,程序设计语言可分为 3 大类:机器语言、汇编语言、高级语言。

1) 机器语言

机器语言是一种二进制语言,能直接使用二进制代码表达指令,是计算机硬件可以直接识别和执行的程序设计语言。例如,执行数字 2 和 3 的加法,16 位计算机上的机器指令为:

11010010 00111011，不同计算机结构的机器指令不同。

与汇编语言或高级语言相比，其执行效率高。但不易记忆，容易出错，不容易掌握。由于机器语言直接依赖于中央处理器，所以其可移植性差。

2）汇编语言

汇编语言用助记符（容易理解和记忆的字母）代替机器指令的操作码，在计算机发展早期帮助程序员提高编程效率。例如，用 ADD 代替加法运算。用地址符号或标号代替指令或操作数的地址。例如，执行数字 2 和 3 的加法，汇编语言指令为：add 2,3,result，运算结果写入 result。

在不同的设备中，汇编语言对应着不同的机器语言指令集，通过汇编过程转换成机器指令。汇编语言推广和移植很难。汇编语言也有自己的优点，它可以直接访问系统接口，汇编程序翻译成的机器语言程序的效率高。机器语言和汇编语言都直接操作计算机硬件并基于此设计，所以它们统称为低级语言。现在，低级语言通常被应用在底层、硬件操作和高要求的程序优化的场合。

3）高级语言

高级语言区别于低级语言在于它是接近自然语言的一种计算机程序设计语言，更容易描述计算问题并利用计算机解决计算问题。例如，执行数字 2 和 3 加法的高级语言代码为 result＝2＋3。

目前，较为流行的高级语言有 Python、C、Java、PHP 等。计算机并不能直接识别高级语言，也就是说，用高级语言写一个 a＝4＋3。如果不通过编译，计算机将不会执行。因为计算机只能识别 0、1 代码。因此，用高级语言书写的程序需要“翻译”成二进制代码。

1.1.2　编译和解释

高级语言按照计算机执行方式的不同，可将其分成两类：静态语言和脚本语言。这里所说的执行方式是指计算机执行一个程序的过程，静态语言采用编译执行，如 C/C++、Java 等；而脚本语言采用解释执行，如 Python、JavaScript、PHP 等。Python 是一种被广泛使用的高级通用脚本编程语言，虽然采用解释执行方式，但是它的解释器也保留了编译器的部分功能，随程序运行，解释器也会生成一个完整的目标代码。这种将解释器和编译器结合的新解释器是现代脚本语言为了提升计算机性能的一种有益演进。

1. 编译

编译是将源代码转换成目标代码的过程，通常情况下，源代码是高级语言代码，目标代码是机器语言代码，执行编译的计算机程序称为编译器。高级语言程序的编译执行过程如图 1-1 所示。

该过程是将源代码一次性地转换成目标代码的过程，类似英语中的全文翻译。换言之，编译过程只进行一次。因此，编译过程的速度并不是关键，目标代码的运行速度才是关键。

编译器一般都集成尽可能多的优化技术，使生成的目标代码具备更好的执行效率。目标代码不需要编译器就可以运行，在同类操作系统上使用灵活。解释则在每次程序运行时都需要解释器和源代码。解释执行需要保留源代码，程序纠错和维护十分方便。只要存在解释器，源代码可以在任何操作系统上运行，可移植性好。

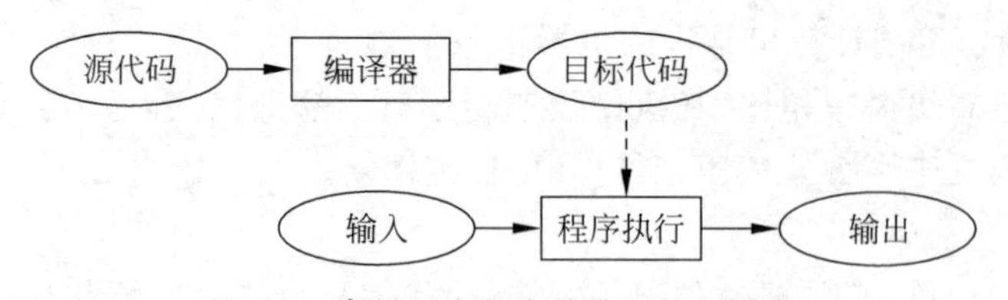

图 1-1 高级语言程序的编译执行过程

2. 解释

解释是将源代码逐条转换成目标代码同时逐条运行目标代码的过程。执行解释的计算机程序称为解释器。高级语言程序的解释执行过程如图 1-2 所示。将源代码逐条转换成目标代码,同时逐条运行的过程,类似英语中的同声传译。

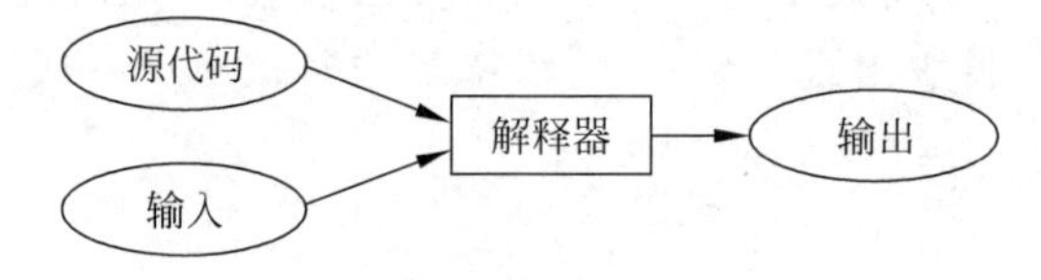

图 1-2 高级语言程序的解释执行过程

1.2 Python 简介

1.2.1 Python 的发展历程

Python 语言是 1989 年由荷兰人 Guido van Rossum(吉多·范·罗苏姆)开发的一个脚本解释程序,Python 是从 ABC 语言发展起来的,并且结合了 UNIX Shell 和 C 语言的习惯。

Python 第一个公开发行版本发行于 1991 年,它是一种面向对象的解释型计算机程序设计语言,是由 C 语言实现的,有很多语法来自 C 语言,又受到了很多 ABC 语言的影响。

Python 发展到现在,经历了多个版本,可以从 Python 的官网(详见前言二维码)中查看到历史版本。到目前为止,Python 仍然保留着两个主要的版本 Python 2.x 和 Python 3.x。这两个版本并不兼容,与 Python 2.x 相比,Python 3.x 在语句输出、编码、运算和异常等方面进行了调整,很多内置函数和标准库对象的用法与 Python 2.x 也有非常大的区别,适用于 Python 2.x 和 Python 3.x 的扩展库之间更是差别巨大,这也是旧系统进行版本迁移时最大的障碍。

Python 3.x 的设计理念更加合理、高效和人性化,代码开发和运行效率更高,越来越多的扩展库也以非常快的速度推出了与最新 Python 版本相适应的版本。建议新学习 Python 的人,选择 Python 3.x 版本。本书所有程序都是在 Python 3.10 版本下测试运行的。

Python 语言一贯遵循着“开源、开发”的原则,得到了快速的发展和广泛的应用。Python 现今已经成为最受欢迎的程序设计语言之一。据世界权威语言排行榜 TIOBE 数据显示,2021 年 10 月 Python 语言在 TIOBE 排行榜上超过 C 语言和 Java,荣升榜首,截至 2023 年 1 月,Python 仍然稳居第一。

1.2.2 Python 的特点

1. 简单易学

Python 是一种代表简单主义思想的语言。Python 极其容易上手，阅读一个良好的 Python 程序就感觉像是在读英语文章一样。

2. 可移植性

作为脚本语言，Python 程序可以在任何安装解释器的计算机环境中执行，因此，用该语言编写的程序可以不经修改地实现跨平台运行。

3. 可扩展性

Python 语言具有优异的扩展性，体现在它可以集成 C、C++、Java 等语言编写的代码，通过接口和函数库等方式将它们整合在一起。此外，Python 语言本身提供了良好的语法和执行扩展接口，能够整合各类程序代码。

4. 开源理念

Python 是自由软件之一。使用者可以自由地发布这个软件的副本，阅读它的源代码，对它进行改动，把它的一部分用于新的自由软件中。

5. 通用灵活

Python 语言是一种通用编程语言，可用于编写各领域的应用程序，这为该语法提供了广阔的应用空间。几乎各类应用，从科学计算、数据处理到人工智能、机器人，Python 语言都能够发挥重要作用。

6. 强制可读

Python 语言通过强制缩进(类似文章段落的首行空格)来体现语句间的逻辑关系，显著提高了程序的可读性，进而增加了 Python 程序的可维护性。

7. 支持中文

Python 3.0 解释器采用 UTF-8 编码表达所有字符信息。UTF-8 编码可以表达英文、中文、韩文、法文等各类语言，因此，Python 程序在处理中文时更加灵活且高效。

8. 模式多样

尽管 Python 3.0 解释器内部采用面向对象方式来实现，但 Python 语法层面却同时支持面向过程和面向对象两种编程方式，这为使用者提供了灵活的编程模式。

9. 类库丰富

Python解释器提供了几百个内置类和函数库，此外，世界各地程序员通过开源社区贡献了十几万个第三方函数库，几乎覆盖了计算机技术的各个领域，编写Python程序可以大量利用已有的内置或第三方代码，具备良好的编程生态。

1.2.3 Python的应用领域

作为一门优秀的程序设计语言，Python被广泛应用到各种领域，从简单的文字处理，到Web应用和游戏开发，甚至于数据分析、人工智能和航天飞机的控制，都能找到Python的身影。

1. Web开发应用

目前，Python经常被用于Web开发。虽然解释型语言JavaScript在Web开发中已得到广泛应用，但Python具有更独特的优势。相比于JavaScript、PHP，Python在语言层面较为完备，能为同一个开发需求提供多种方案。Python库的内容丰富，使用方便。通过mod_wsgi模块，Python编写的Web程序可以在Apache服务器上运行。Python在Web方面也有很多优秀的框架，如Django、Turbo-Gears、Zope和Flask等可以轻松地开发和管理复杂的Web程序。可以说用Python开发的Web项目小而精，可以支持最新的XML技术，具有强大的数据处理功能。

2. 自动化运维

所谓自动化运维，实际上就是利用一些开源的自动化工具来管理服务器。例如，业界流行的Ansible(基于Python开发)，它能帮助运维工程师解决重复性的工作。在很多操作系统里，Python是标准的系统组件。大多数Linux发行版和macOS都集成了Python，可以在终端下直接运行Python。Python标准库包含了多个调用操作系统功能的库。通过Pywin32这个第三方软件包，Python能够访问Windows的COM服务及其他Windows API。使用IronPython，Python程序能够直接调用.NET Framework。一般来说，Python编写的系统管理脚本在可读性、性能、代码重用度、扩展性几方面都优于普通的Shell脚本。

3. 人工智能与机器学习

在众多编程语言中，Python绝对是人工智能的首选语言，这是因为Python在机器学习和深度学习方面有着非常出众的优势。目前，世界优秀的人工智能学习框架如TransorFlow、PyTorch和神经网络库Karas等是用Python实现的，甚至微软的CNTK（认知工具包)已完全支持Python，微软的VS Code也都已经把Python作为第一级语言进行支持。基于Python的大数据分析和深度学习、机器学习、自然语言处理而发展出来的人工智能已经无法离开Python的支持。

4. 科学计算

自1997年，NASA就大量使用Python进行各种复杂的科学运算。并且，与其他解释型语言(如Shell、JavaScript、PHP)相比,Python在数据分析、可视化方面有相当完善和优秀的库,如NumPy、Scipy、Matplotlib、Pandas等,这可以满足Python程序员编写科学计算程序的需求。

5. 在网络"爬虫"方面的应用

Python语言很早就用来编写网络爬虫。Google等搜索引擎公司大量地使用Python语言编写网络爬虫。"爬虫"的真正作用是从网络上获取有用的数据或信息,从而可以节省大量人工时间。Python绝对是编写网络"爬虫"的主流编程语言之一。Python自带的urllib库,第三方的requests库和Scrapy框架让开发"爬虫"变得非常容易。常用框架有Grab、Scrapy、PySpider、COLA、Portia、Restkit和Demiurge等。

6. 游戏开发

Python的PyGame库也可用于直接开发一些简单游戏。目前很多游戏的开发模式是使用C++编写图形显示等高性能模块,而使用Python或者Lua编写游戏的逻辑、服务器。虽然Lua的功能更简单、体积更小,但Python支持更多的特性和数据类型,比Lua有更高阶的抽象能力,可以用更少的代码描述游戏业务逻辑,能够很好地控制项目的规模。例如,较为出名的游戏Sid Meier's Civilization(文明)和EVE(星战前夜)就是使用Python开发的。

7. 云计算

Python的最强大之处在于模块化和灵活性,而构建云计算平台的IaaS服务的OpenStack就是采用Python开发的,云计算的其他服务也都是在IaaS服务之上的。

1.3 Python的安装

本节以Windows操作系统为例,介绍下载并安装Python的具体过程,其他操作系统安装过程类似。登录Python的官方网站(详见前言二维码),如图1-3所示。

从版本列表中找到需要的版本号进行下载,如图1-4所示。本书内容统一以Python 3.10.8版本为代表。找到该版本,单击Download超链接。

进入下载安装文件界面,如图1-5所示。根据使用的操作系统,单击相应的超链接即可下载安装程序。如果是64位Windows操作系统,则下载Windows installer(64-bit);如果是32位Windows操作系统,则下载Windows installer(32-bit)。

下载完成后得到python-3.10.8-amd64.exe安装文件,双击该文件,出现安装窗口,如图1-6所示。选择Add python.exe to PATH复选框,将Python 3.10添加到系统的环境变量中,从而保证在系统命令提示符窗口中,可在任意目录下执行Python的相关命令。

安装对话框中为用户提供了两种安装方式。一种是Install Now,是默认安装方式,包括安装IDLE编辑环境、pip包管理和相关文档。另一种是Customize installation,是自定义安装方式,用户可设置Python安装路径和其他选项,按向导提示即可完成安装。

安装完成后,选择"开始"→"所有程序"→Python 3.10→Python 3.10 (64-bit)选项,即可打开Python交互环境,如图1-7所示。

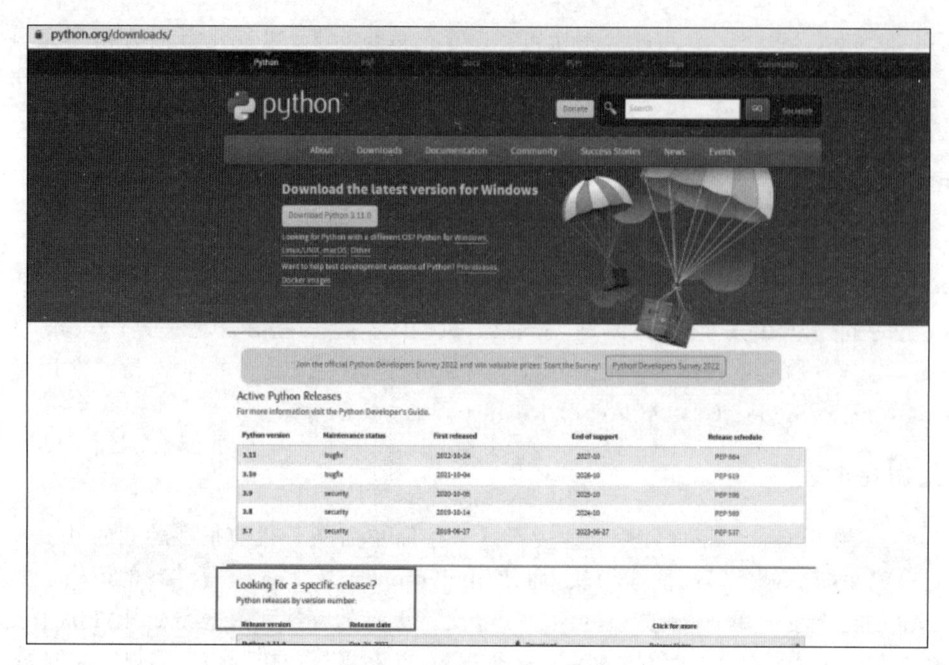

图 1-3 Python 官网下载页面

Looking for a specific release?

Python releases by version number:

Release version	Release date		Click for more
Python 3.9.15	Oct. 11, 2022	Download	Release Notes
Python 3.8.15	Oct. 11, 2022	Download	Release Notes
Python 3.10.8	Oct. 11, 2022	Download	Release Notes
Python 3.7.15	Oct. 11, 2022	Download	Release Notes
Python 3.7.14	Sept. 6, 2022	Download	Release Notes
Python 3.8.14	Sept. 6, 2022	Download	Release Notes
Python 3.9.14	Sept. 6, 2022	Download	Release Notes
Python 3.10.7	Sept. 6, 2022	Download	Release Notes

图 1-4 选择要下载的版本

Files

Version	Operating System	Description	MD5 Sum
Gzipped source tarball	Source release		fbe3fff11893916ad1756b15c8a48834
XZ compressed source tarball	Source release		e92356b012ed4d0e09675131d39b1bde
macOS 64-bit universal2 installer	macOS	for macOS 10.9 and later	eb11b5816b1a37d934070145391eadfe
Windows embeddable package (32-bit)	Windows		e0dbee095e5963b26b8bf258fd2b9f41
Windows embeddable package (64-bit)	Windows		923be16c4cef2474b7982d16cea60ddb
Windows help file	Windows		0cbba41f049c8f496f4fb18d84430d9a
Windows installer (32-bit)	Windows		10efcd9a8777fe84f9a9c583d074e632
Windows installer (64-bit)	Windows	Recommended	308a3d095311fbc82e5c696ab4036251

图 1-5 选择下载安装文件

图 1-6 Python 的安装

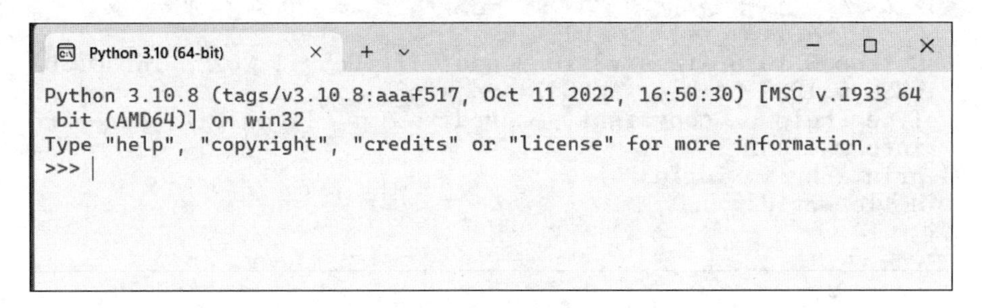

图 1-7 Python 交互环境

1.4 第一个 Python 程序

在安装 Python 的过程中，系统会安装一批与 Python 开发和运行相关的程序，如 Python 集成开发环境(Python's Integration Development Environment，IDLE)，利用它可以创建、运行、调试 Python 程序。

1. 编写 hello 程序

众所周知，“hello world!”程序是学习每一种编程语言的第一个程序，那么本书的第一个 Python 程序也将从“hello world!”开始。

程序的功能是在屏幕上显示出“hello world!”。那么如何完成它呢？首先，要知道如何在屏幕上输出信息，在 C 语言中需要包含头文件、创建主函数、使用头文件中的 printf 函数来进行输出。但在 Python 语言中只需要一行代码即可。代码如下：

```
print('hello world!')
```

与 C 语言不同的是，这里的输出函数变成了 print()函数，print()函数表示把圆括号中引号内的信息输出到屏幕上。圆括号中引号使用单引号或双引号都是可以的，每行语句结束不需要使用分号结尾。

2. 运行 hello 程序

Python 是一种解释型的脚本编程语言,这样的编程语言一般支持两种代码运行方式:交互模式和文件模式。交互模式一般用于调试少量代码,文件模式则是常用的编程方式。下面以在 Windows 系统中运行 hello 程序为例具体说明两种方式的启动和运行方法。

(1) 交互模式是指在命令行窗口中直接输入代码,按 Enter 键就可以运行代码,并立即看到输出结果;执行完一行代码,还可以继续输入下一行代码,再次按 Enter 键并查看结果,如此往复的过程。整个过程就好像在和计算机对话。

选择"开始"→"所有程序"→Python 3.10→IDLE(Python 3.10 64-bit)选项,启动 IDLE 后,默认就会进入交互模式编程环境,在提示符">>>"后同样输入 print('hello world!'),按 Enter 键即可执行该命令,运行结果如图 1-8 所示。

```
IDLE Shell 3.10.8
File Edit Shell Debug Options Window Help
    Python 3.10.8 (tags/v3.10.8:aaaf517, Oct 11 2022, 16:50:30)
    [MSC v.1933 64 bit (AMD64)] on win32
    Type "help", "copyright", "credits" or "license()" for more
    information.
>>> print('hello world!')
    hello world!
>>>
```

图 1-8 通过 IDLE 启动交互模式

IDLE 中 Python 代码可以高亮显示。在交互模式开发环境中,每次只能执行一条语句。普通语句可以直接按 Enter 键运行并立刻输出结果,而选择结构、循环结构、函数定义、类定义、with 块等属于一条复合语句,需要按两次 Enter 键才能执行。如果要重复使用上面的命令,可以按 Alt+P 组合键。

(2) 文件模式是指用户创建一个源文件,将所有代码放在源文件中,让 Python 解释器逐行读取并执行源文件中的代码,直到文件末尾的过程。

在 IDLE 窗口中,按 Ctrl+N 快捷键或在菜单中选择 File→New File 选项,都可打开 IDLE 的文件模式编程窗口,它是一个具备 Python 语法高亮辅助的编辑器,可以进行代码编辑。在其中输入 Python 代码。例如,输入 print('hello world!')代码,并保存为 hello.py 文件,如图 1-9 所示。

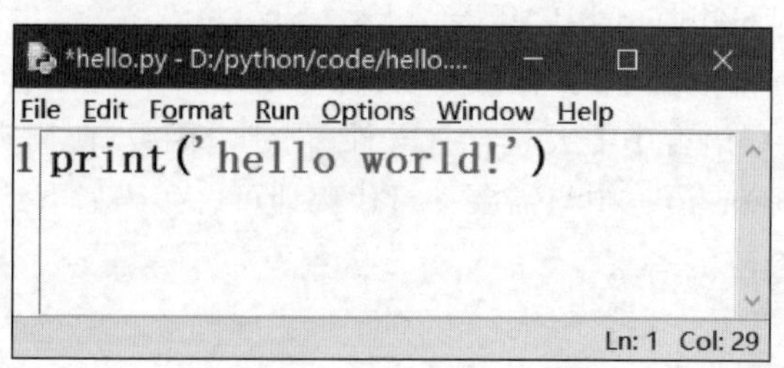

图 1-9 IDLE 中的文件模式编程窗口

按 F5 键或选择 Run→Run Module 选项，即可运行该文件，运行结果如图 1-10 所示。

```
IDLE Shell 3.10.8
File Edit Shell Debug Options Window Help
    Python 3.10.8 (tags/v3.10.8:aaaf517, Oct 11 2022, 16:50:30) [MSC v.1933
    64 bit (AMD64)] on win32
    Type "help", "copyright", "credits" or "license()" for more information.
>>>
    ====================== RESTART: D:/python/code/hello.py ===============
    ========
    hello world!
>>>
```

图 1-10　在 IDLE 的文件模式中 hello.py 的运行结果

除上述方法编辑 Python 程序文件外，还可以使用其他集成开发环境，如 VS Code、PyCharm、Eclipse+PyDev 等。使用者可以根据开发内容和个人喜好选择合适的集成开发环境，本书直接使用 Python 自带的 IDLE 学习 Python 编程。

按照惯例，本书中所有在交互模式运行和演示的代码都以 IDLE 交互环境的提示符“>>>”开头，在运行这样的代码时，并不需要输入提示符“>>>”。而书中所有不带提示符“>>>”的代码都表示需要写入一个程序文件并保存和运行。

1.5　Python 程序的格式框架

1.5.1　注释

注释(Comments)用来向用户提示或解释某些代码的作用和功能，它可以出现在代码中的任何位置。Python 解释器在执行代码时会忽略注释，不做任何处理，就好像它不存在一样。注释的最大作用是提高程序的可读性。很多程序员宁愿自己去开发一个应用，也不愿意去修改别人的代码，没有合理的注释是一个重要的原因。

在 Python 程序中有两种注释方法：单行注释和多行注释。单行注释以 # 开头，多行注释以三个连续的单引号'''或者三个连续的双引号"""开头和结尾注释多行内容。例如：

```
# 这是单行注释,单行注释可以独占 1 行, 使用 print()函数输出字符串
print("hello world!")
print(pow(2,6))              # 计算 2 的 6 次方,单行注释也可将注释放在代码的右侧
'''
使用三个单引号分别作为注释的开头和结尾
print(pow(2,6)) 此行是注释,不被计算机执行
此行也是注释
'''
```

多行注释通常用来为 Python 文件、模块、类或者函数等添加版权或者功能描述信息。在调试(Debug)程序的过程中，注释还可以用来临时移除无用的代码。例如：

```
"""判断成绩是否及格的程序
grade = 68
if(grade >= 60):
```

```
    print('及格')
else:
    print('不及格')
"""
print("祝贺你!")
```

在上述程序中，如果只是想测试 print()函数输出字符串的操作，不希望判断成绩是否及格的程序的干扰，可以将整段程序都给予注释。注释之后，三引号里面的程序段就不起作用了，只是输出：祝贺你!

1.5.2 严格的缩进规则

要求严格的代码缩进是 Python 语法的一大特色，好比 C 语言中的花括号一样重要，在大多数场合还非常有必要。在很多代码规范里面也都有要求代码书写按照一定规则进行换行和代码缩进，但是这些要求只是纯粹方便人来阅读、使用或修改的，对于编译器或者解释器而言，完全是视而不见的存在。

对 Python 解释器而言，用缩进的方式来表示代码间的层次结构，缩进通常都是和冒号配合使用的，使得代码看起来更加简洁。Python 程序中同一个代码块中的语句必须保证相同的缩进空格数，缩进的空格数没有硬性规定，但必须保证空格数是相同的，否则将会出错，通常推荐每个级别使用 4 个空格，一般使用 Tab 键或空格键来进行缩进。例如：

```
#判断成绩是否及格的程序
grade = 68
if(grade >= 60):
    print('及格')                    # 缩进了 4 个空格的占位
else:
    print('不及格')                  # 缩进了 4 个空格的占位
```

注意缩进规则：

(1) 逻辑行的"首行"需要顶格，无缩进。

(2) 相同逻辑层保持相同的缩进。

(3) ":"标记一个新的逻辑层，增加缩进表示进入下一个代码层，减少缩进表示返回上一个代码层。

1.5.3 语句续行

当一条语句过长，可能超过编辑器的水平长度时，可使用语句续行操作将一条语句写在多行之中。Python 代码的续行操作有：加反斜杠、加括号。

1. 加反斜杠

使用反斜杠(\)可以实现一条长语句的换行。例如：

```
# 反斜杠用法
print("hello wo\
rld")
```

```
#上面代码相当于
print("hello world")
```

注意：反斜杠后不能带其他的内容。

2. 加括号

以圆括号()、方括号[]或花括号{}包含起来的语句，不必使用反斜杠也可以被分成多行。例如：

```
x = 15
y = 25
z = (x + y * 3                # 第 3～5 行代码等价于:z = (x + y * 3 + x + 28)
     + x + 28
    )
print(z)
a = [1,3,5,                   # 第 7、8 行代码等价于:a = [1, 3, 5, 7, 9]
     7,9]
print(a)
```

本章习题

一、选择题

1. Python 程序文件的扩展名是(　　)。
   A. .python　　B. .py　　C. .pt　　D. .pyt
2. Python 语言属于(　　)。
   A. 机器语言　　B. 汇编语言　　C. 高级语言　　D. 自然语言
3. 下列选项中，不属于 Python 特点的是(　　)。
   A. 面对对象　　B. 运行效率高　　C. 可移植性　　D. 免费与开源
4. Python 语言是一种(　　)型、(　　)的程序设计语言。
   A. 编译、面向过程　　B. 解释、面向对象
   C. 编译、面向对象　　D. 解释、面向过程
5. 在屏幕上打印输出 Hello Python，使用的 Python 语句是(　　)。
   A. print('Hello Python')　　B. println("Hello Python")
   C. print(Hello Python)　　D. printf('Hello Python')
6. (　　)表示后面部分是注释。
   A. #　　B. *　　C. %　　D. &
7. 以下对 Python 程序缩进格式描述错误的选项是(　　)。
   A. 不需要缩进的代码顶行写，前面不能留空白
   B. 缩进可以用 Tab 键实现，也可以用多个空格实现
   C. 缩进是用来格式美化 Python 程序的

D. 严格的缩进可以约束程序结构，可以多层缩进

8. 用户编写的Python程序(避免使用依赖于系统的特性)，无须修改就可以在不同的平台上运行，这是Python的(　　)。

A. 跨平台性　　B. 可读性　　C. 解释性　　D. 一致性

9. Python通常是一行写完一条语句，如果语句太长，可以使用(　　)来实现多行语句。

A. 逗号　　B. 分号　　C. 反斜杠　　D. 冒号

10. (多选)下列选项中属于Python应用领域的是(　　)。

A. 图形界面开发　　B. Web开发　　C. 网络爬虫　　D. 人工智能

二、判断题

1. 高级语言程序要被机器执行，只能用解释器来解释执行。(　　)
2. Python的默认交互提示符是>>>。(　　)
3. 不可以在同一台计算机上安装多个不同的Python版本。(　　)
4. Python 3.x完全兼容Python 2.x。(　　)
5. 为在Windows平台上编写的Python程序无法在UNIX平台运行。(　　)

第2章

Python语言基础

CHAPTER 2

本章学习目标

- 掌握 Python 中的变量和标识符，能准确判断标识符的合法性。
- 掌握基本输入函数和输出函数的使用。
- 掌握数字类型的表示和使用。
- 掌握字符串类型的表示和使用。
- 掌握格式化数值和字符串的方法和应用。

程序处理的对象是数据，编写程序也就是对数据的处理过程。Python 提供了丰富的数据类型，在程序设计中选择恰当的数据类型，可以更加快捷地解决问题。本章将从编写一个简单的程序入手介绍变量和标识符、输入输出函数、基本数据类型、不同数据类型之间的转换等内容。

2.1 变量和标识符

下面从编写一个程序入手来了解什么是变量和标识符。

2.1.1 编写一个简单的程序

【例 2-1】 编写程序,计算圆的面积。

分析:计算圆面积的程序算法描述如下:

(1) 从用户处获取圆的半径。

(2) 圆的面积利用公式来计算:面积=半径 * 半径 * 3.14159。

(3) 显示计算结果。

程序首先需要读取用户从键盘输入的半径,这就要解决两个问题:读取这个半径和将半径存储在程序中。首先来解决第二个问题,半径值被存储在计算机的内存中。为了访问它,程序中需要使用一个变量。变量是一个指向存储在内存中某个值的名字。在本例中,使用名字 r 表示指向半径值的变量,而使用名字 area 表示指向面积值的变量。

第一步是提示用户指定圆的半径 r。为了了解变量如何工作,先降低难度,可以在编写代码时将一个固定值赋给程序中的 r。(读者可参考 2.2.1 节内容完成用户的输入)

第二步是计算圆的面积,通过将表达式 r * r * 3.14159 的值赋给 area 来实现。

在最后一步中,程序将会使用 Python 中的 print()函数在控制台显示 area 的值。

代码如下:

```
# 计算圆的面积
r = 20                                  # 指定圆的半径为 20
area = r * r * 3.14                     # 计算圆的面积
print("radius = ",r ,"area = ",area)    # 显示面积的值
```

运行结果:

```
============================ RESTART: D:/code/2 - 1.py =====================
radius =  20 area =  1256.0
```

2.1.2 变量

1. 变量的定义

在程序运行过程中,值可以改变的量称为变量。变量在程序中使用变量名来表示。在 Python 中变量不需要声明,直接赋值即可创建各种类型的变量。例 2-1 中,在语句“r=20”中,创建了变量 r,对其赋值为 20,变量的引用如图 2-1 所示。

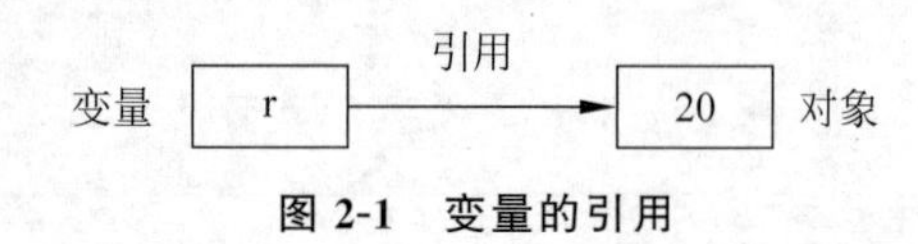

图 2-1 变量的引用

这种行为叫作“把值存储在变量中”。意思就是说,在计算机的内存中开辟一块空间用来存储 20 这个值,我们不需要知道它存放到哪

里,只需要告诉 Python 这个值的名字,通过这个名字就能找到这个值了。

变量的值不是一成不变的,它可以随时被修改,只要重新赋值即可;另外也不用关心数据的类型,可以将不同类型的数据赋值给同一个变量。例如:

```
r = 20                                   # 将整数赋值给变量 r
area = r * r * 3.14                      # 将表达式的值赋给变量 area,计算圆的面积
print("radius = ",r ,"area = ",area)     # 显示面积的值
r = 1.0                                  # 将小数赋值给变量 r
area = r * r * 3.14                      # 将表达式的值赋给变量 area,计算圆的面积
print("radius = ",r ,"area = ",area)     # 显示面积的值
```

运行结果:

```
radius = 20 area = 1256.0
radius = 1.0 area = 3.14
```

注意,变量的值一旦被修改,之前的值就被覆盖了,再也找不回了。换句话说,变量只能容纳一个值。

2. 变量的赋值

将一个值赋给变量的语句称为赋值语句。在 Python 中,等号(=)被用作赋值运算符。可以在表达式中使用变量。一个变量可以在赋值运算符"="的两边同时使用,例如:

```
x = 1
x = x + 5
```

在第 2 行语句中,x+5 的结果被赋值给 x。执行后,x 变为 6。

为了将值赋给变量,必须将变量名放在赋值运算符的左边。下面的语句就是错误的:

```
>>> 1 = x                # Wrong
```

注意:在数学中,x=2 * x+1 表示一个方程。然而,在 Python 中,x=2 * x+1 是对表达式 2 * x+1 求值并将结果赋值给 x 的赋值语句。

可以把一个值同时赋给多个变量,例如:

```
>>> a = b = c = 3
>>> print(a,b,c)
3 3 3
```

也可以同时为多个变量赋不同的值,变量名和值之间用逗号隔开,例如:

```
>>> x,y,z = 2,2.5,"hello"
>>> print(x,y,z)
2 2.5 hello
```

变量在使用前必须被创建。例如,下面的代码是错误的,x 还没有被定义,会弹出如图 2-2 所示的错误信息提示。

```
>>> x=x+1
    Traceback (most recent call last):
      File "<pyshell#3>", line 1, in <module>
        x=x+1
    NameError: name 'x' is not defined
```

图 2-2　错误信息提示

注意：变量在表达式中使用之前必须被赋值。

2.1.3　标识符

标识符就是一个名字，就好像每个人都有属于自己的名字一样，它的主要作用就是作为变量、函数、类、模块以及其他对象的名称。

如例 2-1 中所示，r、area、print 是出现在程序中的名称。在程序设计术语表中，这类名字被称为标识符。

Python 中标识符的命名不是随意的，而是要遵从以下规则：

(1) 标识符可以包含英文字母、数字和下画线，但中间不能有空格。

(2) 不能使用数字作为标识符的第一个字符。

(3) 不能出现特殊的字符，例如 #、%，也不能存在分隔符，像逗号、空格等，Python 中的运算符也不能用来作为标识符。

(4) 不能使用 Python 中的关键字作为标识符。

(5) 在 Python 3 中，非 ASCII 标识符也允许使用，汉字也可以出现在标识符中。如矩形 xy、w123 学号，都是合法的标识符，但尽量不使用汉字。

例如，正确的标识符命名示例：UserID、model2、user_age、book。

错误的标识符命名示例：4word(以数字开头)、try(保留字)、$ money (包含特殊字符)、class 1(包含空格)。

在 Python 中，标识符中的字母是严格区分大小写的。例如，下面这 3 个变量之间，就是完全独立、毫无关系的：

```
>>> number = 0
>>> Number = 0
>>> NUMBER = 0
```

2.1.4　关键字

在 Python 中，具有特殊功能的标识符称为关键字(也称为保留字)，关键字就是在 Python 语言当中已经自己使用过的，开发者不能定义和关键字相同的标识符。可以通过如下命令查看 Python 中的关键字：

```
>>> import keyword                    # 导入模块
>>> keyword.kwlist                    # 调用成员属性
```

在 IDLE 下输入上述命令后，输出结果如图 2-3 所示。

```
>>> import keyword
>>> keyword.kwlist
['False', 'None', 'True', 'and', 'as', 'assert', 'async', 'await', 'break', 'class',
'continue', 'def', 'del', 'elif', 'else', 'except', 'finally', 'for', 'from', 'global
', 'if', 'import', 'in', 'is', 'lambda', 'nonlocal', 'not', 'or', 'pass', 'raise', 'r
eturn', 'try', 'while', 'with', 'yield']
```

图 2-3 IDLE 下的运行结果

2.2 基本输入函数和输出函数

2.2.1 input()函数

内置函数 input()实现从键盘读取一行数据,并返回一个字符串。无论用户输入什么内容,input()函数都以字符串类型返回结果。input()函数可以包含一些提示性文字,用来提示用户,语法格式如下:

```
变量 = input(<提示性文字>)
```

其中,input()函数的提示性文字是可选的,用于显示给用户的提示信息。不传该参数,则没有提示信息,用户直接从键盘输入数据。

需要注意的是,无论用户输入的是字符还是数字,input()函数统一按照字符串类型输出。为了后续能够操作用户输入的信息,需要将输入指定一个变量。例如:

```
>>> x = input("请输入:")
请输入:15
>>> x
'15'
```

可以看出,用户输入的是整数 15,而变量 x 得到的是字符串'15'。在计算过程中,借助类型转换函数 int(),才可以得到数值数据。例如:

```
>>> r = int(input("请输入圆的半径:"))        # int()函数可以把字符类型转换为整数类型
请输入圆的半径:15
>>> r + 6
21
```

通过上述方法,读者可以改写例 2-1,最终完成用户的输入问题。

2.2.2 print()函数

print()函数用于输出运算结果,语法格式如下:

```
print(输出项 1,输出项 2, … ,sep = '',end = '\n')
```

输出项之间以逗号分隔,没有输出项时输出一个空行。sep 参数用来设置多个对象之间的间隔符,默认值是一个空格。例如:

```
>>> print(2,6,'a')
2 6 a
>>> print(2,6,'a',sep = '*')
2*6*a
```

print()函数输出文本时默认会在最后增加一个换行,如果不希望在最后增加这个换行,或者希望输出文本后增加其他内容,可以对print()函数的end参数进行赋值,例如:

```
>>> print(80,end = '%')
80%
```

2.3 数字类型

Python中的数字类型分为整数类型(int)、浮点类型(float)、布尔类型(bool)、复数类型(complex)。

通过type()函数可以查看数据的类型。例如:

```
>>> type(15)
<class 'int'>
>>> type(3.15)
<class 'float'>
>>> type(True)
<class 'bool'>
>>> type(3 + 5j)
<class 'complex'>
```

2.3.1 整数类型

整数类型(int)简称整型,它用于表示整数,就是指不带小数点的数。在Python 3.x中,不再区别长整数和整数。整数类型理论上取值范围是无穷大,实际上的取值范围受限于运行Python程序的计算机内存大小。除极大数的运算外,一般认为整数类型没有取值范围限制。

Python中的整数除了最常用的十进制数外,还可用二进制数、八进制数、十六进制数3种方式表示。

(1) 二进制数:以0b或0B开头,其后由0、1组成的数,如0b101,−0B1110。

(2) 八进制数:以0o或0O开头(数值零和大、小写的字母o),其后由0~7组成的数,如−0o235,0O37。

(3) 十六进制数:以0x或0X开头,其后由0~9和a~f(A~F)组成的数,如0xB2A,−0X536。

Python提供了内置函数bin(x)、oct(x)、hex(x)用于将任意的十进制整数转换为二进制数、八进制数、十六进制数。例如:

```
>>> print(bin(4))                    # 十进制数4转为二进制数并输出
0b100
```

```
>>> print(oct(8))                # 十进制数 8 转为八进制数并输出
0o10
>>> print(hex(15))               # 十进制数 15 转为十六进制数并输出
0xf
```

可以使用 int()函数将其他进制数转为十进制数。int()函数基本格式如下：

```
int('要转换的字符串',n)
```

int()函数按 n 进制将要转换的字符串转换为十进制的整数。例如：

```
>>> print(int('1010', 2))        # 二进制数 1010 转为十进制数并输出
10
>>> print(int('14', 8))          # 八进制数 14 转为十进制数并输出
12
>>> print(int('10', 16))         # 十六进制数 10 转为十进制数并输出
16
```

2.3.2　浮点数类型

浮点数类型(float)用于表示带有小数点的数，如 0.034、−5.07。浮点数也可使用科学记数法来表示。例如，1.28E3 表示的数是 1.28×10^3，3.6e−2 表示的是 3.6×10^{-2}，其中指数符号可以使用 E 或 e 表示。

如果想要在整数和浮点数间进行转换，可以用 Python 的内置函数 int()和 float()。例如：

```
>>> print(int(2.85))             # 将浮点数 2.85 转换为整数并输出
2
>>> print(float(2))              # 将整数 2 转换为浮点数并输出
2.0
```

注意：

(1) 一个拥有小数点的数字即使小数部分为零也是浮点数。例如，2.0 是浮点数，而 2 是整数。这两个数字在计算机里的存储方式不同。

(2) Python 浮点数不是无限大的。Python 中的浮点型遵循的是 IEEE-754 双精度标准，每个浮点数占 8 字节，能表示的数的范围是 $-1.7\times10^{-308}\sim1.7\times10^{308}$。例如：

```
>>> 1.3e4             # 浮点数为 1.3×10^4
13000.0
>>> -1.8e308          # 浮点数为 -1.8×10^308，超出了可以表示的范围
-inf
>>> 1.8e308           # 浮点数为 1.8×10^308，超出了可以表示的范围
inf
```

2.3.3　布尔类型

布尔类型(bool)只有两个值，True 和 False，True 表示真值，False 表示假值，并且首字母要大写，不能用其他花式变形。布尔值通常用于判断条件是否成立。例如：

```
>>> print(5 > - 8)
True
>>> print(5 < 0)
False
```

布尔类型是整型的子类，True 和 False 可以参与数学运算，True==1、False==0 会返回 True，即 True 对应数字 1，False 对应数字 0。例如：

```
>>> issubclass(bool, int)
True
>>> True == 1
True
>>> False == 0
True
>>> True + 3
4
>>> False + 3
3
```

Python 内置的 bool()函数可以用来测试一个表达式的布尔值结果。例如：

```
>>> bool(1)
True
>>> bool( - 1)
True
>>> bool( - 5)
True
>>> bool(0)
False
>>> bool('')
False
>>> bool("False")
True
```

总而言之，0，0.0，－0.0，空字符串这些都被判定为 False；而－1，"False"被判定为 True，即非零非空即为 True。

2.3.4 复数类型

复数类型(complex)用于表示数学中的复数，由实部和虚部组成，可以用 a+bj 或者 a+bJ 表示，也可使用函数 complex(a,b)来创建复数，其中 a 表示复数的实部，b 表示复数的虚部，a、b 都是浮点型。例如：

```
>>> c = 5 + 7j
>>> print(c)
(5 + 7j)
>>> b = complex(6,3)
>>> print(b)
(6 + 3j)
```

创建复数对象之后，可以使用 real 和 image 属性分别获取复数的实部和虚部，例如：

```
>>> x = 5 - 9j
>>> print(x.real)                  # 实部
5.0
>>> print(x.imag)                  # 虚部
-9.0
```

注意：一个复数必须有表示虚部的实数和 j，如 1j、-1j 都是复数，而 0.0 不是复数，并且表示虚部的实数部分即使是 1 也不能省略。

2.4　数字类型的操作

Python 解释器为数字类型提供数值运算操作符、数值运算函数、类型转换函数等操作方法。

2.4.1　算术运算符

1. 算术运算符

算术运算符即数学运算符，用来对数字进行数学运算，比如加减乘除。表 2-1 列出了 Python 支持的基本算术运算符。

表 2-1　Python 支持的基本算术运算符

操作符	描述	示例
+	加：两个对象相加	20+10=30
-	减：一个数减去另外一个数	20-10=10
*	乘：两数相乘	20 * 10=200
/	除：两个数相除	20/10=2.0
%	取模：返回两个数相除的余数	20%10=0
**	幂：返回某一个数的若干次方	20 ** 10 即 20^{10}
//	取整：返回两数相除后所得商的整数部分	7//3=2，7.0//2.0=3.0

注意：两个整数相除，结果是小数。

这 7 个操作符与数学习惯一致，运算结果也符合数学意义。操作符运算的结果可能改变数字类型，基本规则如下：

（1）整数之间运算，如果数学意义上的结果是小数，结果是浮点数。

（2）整数之间运算，如果数学意义上的结果是整数，结果是整数。

（3）整数与浮点数混合运算，结果是浮点数。

（4）整数或浮点数与复数混合运算，结果是复数。

例如：

```
>>> 50/3                    # 普通除法，结果为浮点数
16.666666666666668
>>> 50//3                   # 整除，余数会被截去，结果为整数
16
>>> 3 + 5.0                 # 整数和浮点数相加，结果为浮点数
8.0
```

```
>>> 5.0 - 2 + 4j                    # 等价于(5.0 - 2) + 4j
(3 + 4j)
>>> 15 % 4                          # 取余,15 除以 4 所得的余数
3
>>> 4 ** 3                          # 4 的 3 次方,即 4³
64
>>> 8 ** (1/3)                      # 相当于开方运算,结果为浮点数
2.0
```

提示：数字类型间的混合运算,生成结果类型为"最宽"类型：整数→浮点数→复数,这是因为整数可以看成是浮点数没有小数的情况,浮点数可以看成复数虚部为 0 的情况。

2. 算术表达式

用 Python 编写一个算术表达式是指使用运算符对算术表达式进行直接的翻译。例如,算术表达式：

$$\frac{8(x+9)(4a+b)}{3y+5}+\frac{5x-8}{7} \tag{2-1}$$

可以翻译为如下所示的 Python 表达式：

8 * (x+9) * (4 * a+b)/(3 * y+5)+(5 * x−8)/7

3. 算术运算符的优先级

对于一个算术表达式,首先执行括号内的运算符。括号可以叠加,内层括号里的表达式首先被执行。当一个表达式中使用多个运算符时,使用下面的运算符优先级规则决定计算顺序。

(1) 首先计算指数运算(**)。

(2) 接下来计算乘法(*)、浮点除法(/)、整数除法(//)和求余运算。如果一个表达式包含多个乘法、除法和求余运算符,它们会从左向右运算。

(3) 最后计算加法(+)和减法(−)运算符。如果一个表达式包含多个加法和减法运算符,它们会从左向右运算。

2.4.2 复合赋值运算符

复合赋值运算符可以看作是将算术运算和赋值运算功能进行合并的一种运算符,它可以让程序更加精练,提高效率。表 2-1 中的算术运算符(+、−、*、/、//、%、**)都有与之对应的复合赋值运算符(+=、−=、*=、/=、//=、%=、**=)。如果用 op 表示算术运算符,则下面两个赋值操作等价。例如：

x op= y　等价于：x=x op y

当解释器执行到复合赋值运算符时,先计算算术运算符的表达式,再将算术运算符执行后的结果赋值到等号左边的变量。例如：

```
>>> a = 100
>>> a += 1                # 等价于 a = a + 1, 最终 a = 100 + 1
```

```
>>> print(a)
101
>>> b = 2
>>> b * = 3                    # 等价于 b = b * 3, 最终 b = 2 * 3
>>> print(b)
6
>>> c = 10
>>> c ** = 1 + 2               # 先算运算符右侧 1 + 2 = 3,c ** = 3 等价于 c = c ** 3,最终 c = 10 ** 3
>>> print(c)
13
>>>                            # 注意: 先算复合赋值运算符右面的表达式,再算复合赋值运算
>>> d = 100
>>> d * = 3 + 4                # 先算运算符右侧 3 + 4 = 7,d * = 7 等价于 d = d * 7
>>> print(d)
700
```

注意：书写复合赋值号时，赋值运算符之间不能添加空格。

2.4.3 内置数学函数

在 Python 中，预装的函数称为内置函数，我们可以直接使用这些函数来进行特定的数值运算，与运算符不同的是函数中存在参数，就像 print()函数和 format()方法一样，括号内是需要处理的数值或者变量。

1. abs()函数

abs()函数是计算绝对值的函数，与数学中的绝对值是同一个含义，如$|-20|=20$。

对于复数来说，abs()函数是求模函数，与数学中的求模含义相同，例如：

$$|3+4j|=\sqrt{3^2+4^2}=5 \tag{2-2}$$

在使用 abs()函数时，把需求绝对值或者求模的变量或者表达式放入括号内就可以了，例如：

```
>>> a = 20
>>> abs( - 20)
20
>>> a = 3 + 4j
>>> abs(a)
5.0
```

2. divmod()函数

divmod()函数是计算商与余数的函数，语法如下：

```
divmod(m,n)
```

该函数是计算 m 与 n 的整数商和余数，并且通过元组形式返回整数商和余数。

在 divmod()函数返回的元组中，第一个是整数商，第二个是余数，通常会把这两个值赋给两个不同的变量，例如：

```
>>> a,b = divmod(17,5)                    #相当于 a = 17//5, b = 17 % 5
>>> print(a,b)
3 2
```

其中,a就是17和5的整数商,相当于a=17//5,b就是17和5的余数,相当于b=17 % 5。

3. max()函数和min()函数

max()函数是计算任意多个数字里面的最大值,而min()函数是计算任意多个数字里面的最小值。参数可以为序列,语法如下:

```
max(x,y,z,…)
min(x,y,z,…)
```

例如:

```
>>> print(max(3,5,1,78,654,7))          #输出 3,5,1,78,654,7 中的最大值
654
>>> print(min(3,5,1,78,654,7))          #输出 3,5,1,78,654,7 中的最小值
1
>>> #也可以这样:
>>> s = [3,5,1,78,654,7]
>>> print(max(s))
654
>>> print(min(s))
1
```

4. pow()函数

pow()函数是计算幂次方运算的函数,相当于m ** n,即m的n次幂,语法如下:

```
pow(m,n)                    #相当于 m ** n,即 m 的 n 次幂
```

pow()函数可以有三个参数,第三个参数z是可选的,通常是计算m的n次方的最后z位。

```
pow(m,n,z)
```

例如,计算5的88次幂和5的88次幂的最后3位,代码如下:

```
>>> pow(5,88)                   #计算 5 的 88 次幂
32311742677852643549664402033982923967414535582065582275390625
>>> pow(5,88,1000)              #计算 5 的 88 次幂的同时进行 1000 的模运算
625
```

注意:使用该参数时,模运算与幂运算同时进行,速度很快。

5. round()函数

round()函数返回浮点数x的四舍五入值。语法如下:

```
round(x[,n])
```

其中，x：需要四舍五入的数。n：需要小数点后保留的位数。n>0：四舍五入指定的小数位。n=0 或默认：四舍五入最接近的整数。n<0：在小数点左侧进行四舍五入。

(1) 指定的位数 n 大于 0，四舍五入指定的小数位，代码如下：

```
>>> s = 123.4567
>>> result = round(s, 2)                    #保留两位小数并赋值给变量 result
>>> print(result)
123.46
>>> #要求保留位数的后一位" = 5",且该位数后面有数字,则进位,如下:
>>> print(round(345.64565,2))
345.65
>>> #要求保留位数的后一位" = 5",且该位数后面没有数字,则不进位,如下:
>>> print(round(345.64565,4))
345.6456
```

(2) 指定的位数 n 等于 0 或者默认，四舍五入最接近的数，代码如下：

```
>>> print(round(235.51506))
236
>>> print(round(235.51506,0))
236.0
```

(3) 指定的位数 n 小于 0，在小数点左侧进行四舍五入，代码如下：

```
>>> round(57452.2151, - 2)
57500.0
>>> round(57452.2151, - 3)
57000.0
```

2.4.4 算术运算符编程实例

下面以计算地球到月球所需时间问题为例，来介绍算术运算符的使用。

【例 2-2】 从地球到月球约为 384 400 千米，假设火箭的速度是马赫数 1，设计一个程序计算火箭需要多少天、多少小时才可抵达月球？此程序可忽略分钟数。

分析：根据题目，马赫数 1 即 1 倍声速，约 1225 千米/小时。用距离除以速度，可以得到总的小时数。代码如下：

```
dist = 384400                          # 地球到月球的距离
speed = 1225                           # 马赫数 1 速度约为 1225 千米/小时
total_hours = dist//speed              # 整除,计算总小时数
days = total_hours//24                 # 整除,计算天数
hours = total_hours % 24               # 取余,计算小时数
print("从地球到月球需要的天数:",days)
print("小时数:",hours)
```

运行结果：

```
从地球到月球需要的天数: 13
小时数: 1
```

在例 2-2 中，求整数商(第 4 行)，求余数(第 5 行)，可以用 divmod()函数一次取得，即：

```
商,余数 = divmod(被除数,除数)
```

【例 2-3】 使用 divmod()函数改写例 2-2。

代码如下：

```
#ch2 - 3.py
dist = 384400                                  # 地球到月球的距离
speed = 1225                                   # 马赫数 1 速度约为 1225 千米/小时
total_hours = dist//speed                      # 计算总小时数
days,hours = divmod(total_hours,24 )           # 整数商和余数
print("从地球到月球需要的天数:",days)
print("小时数:",hours)
```

2.5 字符串

字符串是 Python 中除数字类型外最常用的一种数据类型，字符串，可以由字母、数字、符号、汉字、外文等任意字符组成。字符串必须被括在一对单引号(')、双引号(")或者三引号('''或""")里。例如，s1='123'，s2="abc"，'''1b2'''。Python 没有字符数据类型。一个字符的字符串代表一个字符。

2.5.1 字符编码

为什么要有字符编码？从本质上讲，计算机只识别二进制中的 0 和 1，可以说任何数据在计算机中实际的物理表现形式都是 0 和 1，用 b(位)来表示每个二进制的数。但在处理数据时，一般并不是按位来进行处理，而是按照字节(B)来进行处理的，1B=8b。

那如何让人类语言能够被计算机正确理解呢？以英文为例，英文中有英文字母(大小写)、标点符号、特殊符号。如果将这些字母与符号给予固定的编号，然后将这些编号转变为二进制数用字节来表示，则计算机就能够正确读取这些符号，同时通过这些编号，也能够将二进制数转化为编号对应的字符，再显示给用户阅读。

1. ASCII 码

基于上述思想，便产生了 ASCII 码(America Standard Code for Information Interchange，美国信息交换标准码)。ASCII 码是人类计算机历史上最早发明的字符集，仅对 10 个数字、26 个大写英文字母、26 个小写英文字母及一些其他符号进行了编码。ASCII 码采用 1 字节来对字符进行编码，最多只能表示 256 个符号。

2. Unicode

随着信息技术的发展和信息交换的需要，各国的文字都需要进行编码，不同的应用领域和场合对字符串编码的要求也略有不同，于是又分别设计了多种不同的编码格式，仅中文就

有多种编码如 GB 2312、GBK、BIG5、HKSCS 等。结果导致同一个二进制数字在不同编码方案中对应着不同的字符,这就是"乱码"产生的原因之一。因此,需要统一的编码方案解决这个问题。

基于这种情况 Unicode 诞生了。Unicode 又被称为统一码、万国码,能为每种语言中的每个字符设定统一并且唯一的二进制编码,从而满足跨语言、跨平台进行文本转换、处理的要求。Unicode 实际上是使用更多的字节来保存除英文外的其他国家的复杂语言文字,所以对于中文字符这样的文字是非常合适的。

3. UTF

对于英文来说,Unicode 太浪费空间了。特别是在网络上进行传输时,这种浪费就极其明显,会大大降低传输效率。为了解决这个问题,就出现了一些中间格式的字符集,即 UTF (Unicode Transformation Format,通用转换格式)。而最常用的 UTF-8 就是这些转换格式中的一种。UTF-8 其实是一种可"变长"的编码格式,即把英文变长为 1 字节,而汉字用 3 字节表示,特别生僻的还会变成 4～6 字节。所以如果是传输或存储大量英文的话,UTF 编码格式优势就非常明显。

Python 3 完全支持中文字符,默认使用 UTF-8 编码格式,无论是一个数字、英文字母,还是一个汉字,都按一个字符对待和处理。通过下面代码可以查看自己的计算机所使用的默认编码格式。

```
>>> import sys
>>> sys.getdefaultencoding()                # 查看默认编码格式
'utf - 8'
```

在 Python 中可以使用 ord()函数得到每个字符的编码,使用 chr()函数实现反向操作,例如:

```
>>> ord('a')
97
>>> chr(97)
'a'
>>> ord("中")
20013
>>> chr(ord("中"))
'中'
```

2.5.2 字符串类型的表示

Python 支持使用单引号、双引号和三引号(三个单引号或三个双引号)表示字符串。字符串可以保存在变量中,也可以单独存在。可以用 type()函数测试一个字符串的类型。

1. 引号的使用

单引号和双引号通常用于表示单行字符串,三引号通常用于表示多行字符串。例如:

```
>>> x = 'hello Python!'
>>> y = "hello Python!"
>>> z = """hello Python!"""
>>> type(x)
<class 'str'>
```

注意：对于初学者来说，这里引号都是英文字符格式(半角)的符号，并且要成对出现。

单引号和双引号的作用是相同的。当要表示多行字符串时，可以使用三引号来实现，单引号和双引号则无法实现。例如：

```
>>> s = '''hello,这是第 1 行 strings
...这是第 2 行 strings
...这是第 3 行 strings
......
...这是第 n 行 strings'''
```

当字符串内容中出现引号时，需要进行特殊处理，否则 Python 会解析出错。例如：

```
>>> print('let's go!')
SyntaxError: unterminated string literal (detected at line 1)
```

由于上面字符串中包含了单引号，此时 Python 会将字符串中的单引号与第一个单引号配对，这样就会把' let '当成字符串，而后面的 s go!'就变成了多余的内容，从而导致语法错误。对于这种情况，有以下两种处理方案。

1）使用不同的引号包围字符串

如果字符串内容中出现了单引号，那么可以使用双引号包围字符串，反之亦然。例如：

```
>>> str1  = "let's go!"                        # 使用双引号包围含有单引号的字符串
>>> str2  = '英文双引号是",中文双引号是”'       # 使用单引号包围含有双引号的字符串
>>> print(str1)
let's go!
>>> print(str2)
英文双引号是",中文双引号是”
```

2）对引号进行转义

在引号前面添加反斜杠\就可以对引号进行转义，让 Python 把它作为普通文本对待。例如：

```
>>> str1  = 'I\'m a great coder!'
>>> str2  = "英文双引号是\",中文双引号是“"
>>> print(str1)
let's go!
>>> print(str2)
英文双引号是",中文双引号是“
```

2. 转义字符

转义字符通常用于表示一些无法显示的字符，如空格、回车等，由“\”和具有特殊意义的

字符组成(一些普通字符与反斜杠组合后会失去原有意义,产生新的含义)。由于其组合改变了原来字符表示的含义,因此将其称为"转义"。转义字符的意义就是避免出现二义性,避免系统识别错误。

这里将介绍几个常用的转义字符用例,常用的转义字符及说明如表 2-2 所示,供应用时查阅。

表 2-2　转义字符及其说明

转义字符	描　　述	转义字符	描　　述
\	(在行尾时)续行符	\n	换行
\\	反斜杠符号	\v	纵向制表符
\'	单引号	\t	横向制表符
\"	双引号	\r	回车
\a	响铃	\f	换页
\b	退格(backspace)	\oyy	八进制数,yy 代表的字符,如\o12 代表换行
\e	转义	\xyy	十六进制数,yy 代表的字符,如\x0a 代表换行
\000	空	\other	其他的字符以普通格式输出

1) 换行:\n

将\n 放在字符串之中并且使用 print()函数输出,\n 不会作为字符显示,而是起到了换行的作用,将后面的内容另起一行显示。例如:

```
>>> print("hello\nworld")
hello
world
```

2) 反斜杠:\\

因为在使用转义字符时必须从反斜杠开始,所以不能简单地将反斜杠\用作字符串中的字符。例如:

```
>>> print("D:\\my\\test\\demo.c")
D:\my\test\demo.c
```

3) 单引号或双引号:\'或\"

通过在引号前加反斜杠,将其转化为文字引号标记。例如:

```
>>> print("hi,\"let\'s go!\"")
hi,"let's go!"
```

3. 原始字符串

转义字符有时候会带来一些麻烦,如要表示一个包含 Windows 路径 D:\my\test\demo.c 这样的字符串,因为\的特殊性,需要对字符串中的每个\都进行转义,稍有疏忽就会出错。为了解决转义字符的问题,Python 支持原始字符串。在原始字符串中,\不会被当作转义字符,所有的内容都保持"原汁原味"的样子。

在普通字符串或者长字符串的开头加上 r 前缀,就变成了原始字符串。例如:

```
>>> print(r"D:\my\test\demo.c")
D:\my\test\demo.c
```

2.5.3 字符串的基本操作

以字符串“hello world”为例，它包括英文字母和一个空格(字符)，并且这些字母和字符是按照一定顺序排列的，不能随意更换顺序。像字符串这样，其元素必须按照特定的顺序排列的对象被称为“序列”。字符串是在本书中出现的第一种序列，在后续的内容中，读者还能学习到其他序列对象。

字符串的序列存在着一系列共性的操作。

1. 字符串连接：“+”

对于数字，“+”的含义是实现两个数字相加，得到一个新的数字。对于字符串(序列)，“+”的作用是将字符串连接起来，得到一个新的字符串。例如：

```
>>> a = "Python"
>>> b = "520"
>>> c = "1314"
>>> print(a + " " + b)
Python 520
>>> print(b + c)                    # 通过" + "连接两个字符串变量
5201314
```

注意：“+”连接的对象必须是同种类型的，否则会报错。例如：

```
>>> print(a + 666)                  # 通过" + "连接字符串和数字，会报错
Traceback (most recent call last):
  File "<pyshell#64>", line 1, in <module>
    print(a + 666)
TypeError: can only concatenate str (not "int") to str
```

如果非要实现字符串和数字的连接，可以使用类型转换，将数字转换为字符串类型。例如：

```
>>> print(a + str(666))             # 将数字 666 通过 str()函数转换为字符串类型
Python666
```

2. 字符串重复：“*”

数值运算符的“*”表示的是乘法，对于字符串(序列)，这个符号则表示要获得重复字符串。例如：

```
>>> m = "hello!"
>>> print(m * 5)
hello! hello! hello! hello! hello!
>>> print('-' * 20)
--------------------
```

3. 判断字符串是否存在其中："in""not in"

操作符"in"和"not in"是成员运算符，可用来判断字符串是否包含在另一个字符串中，使用"in"操作符时，若包含返回 True，否则返回 False，而"not in"操作符恰好相反。例如：

```
>>> s = "hello world! "
>>> print("wor " in s)
True
>>> print("Hello" in s)
False
>>> print("wor" not in s)
False
>>> print("woR" not in s)
True
```

4. 字符串长度：len()函数

通过 len()函数获取字符串的长度(包含的字符数)，英文字符和中文字符都是 1 个字符。例如：

```
>>> s = "hello world! "                    # 空格也算 1 个字符
>>> len(s)
12
>>> len("你好,Python")
9
```

5. 字符串索引

字符串中的每个字符都有一个属于自己的编号，这个编号叫索引。字符串索引分为正索引和负索引。正索引从左往右开始编号，编号从 0 开始；最后一个字符的索引值为字符串长度减 1；负索引从右往左开始编号，编号从 −1 开始，即最后一个字符的索引值为 −1，倒数第二个字符的索引值为 −2，以此类推。因为可以从两个方向编号，所以每个字符可以有两个索引。字符串的索引如图 2-4 所示。

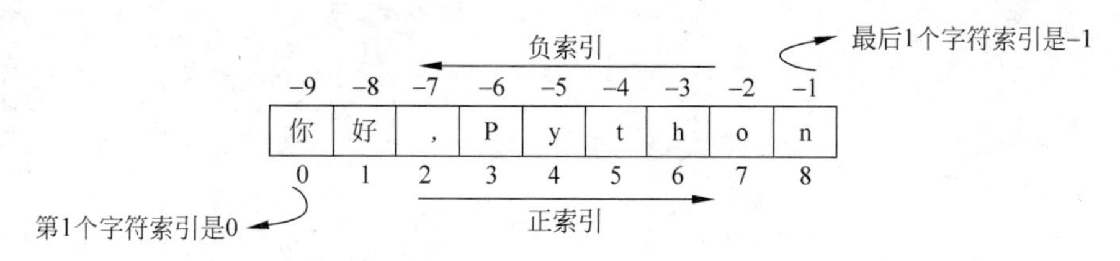

图 2-4　字符串的索引

通过索引值可以获取字符串中某个字符，格式为：

```
字符串[索引]
```

例如：

```
>>> s = "你好,Python"                # 将字符串"你好,Python!"赋值给变量 s
>>> print(s[0])                      # 使用正索引,获取字符串的第 1 个字符
你
>>> print(s[-9])                     # 使用负索引,获取字符串的第 1 个字符
你
>>> print("你好,Python"[6])          # 获取字符串中从左边数第 7 个字符
h
```

6. 字符串切片

字符串切片是从字符串中截取出一个子字符串，切片操作格式为：

```
字符串[beginIndex:endIndex:step]
```

其中，beginIndex 是切片的起始索引（包括起始位置），endIndex 是切片的结束索引（不包括结束位置），即取值结果含头不含尾；step 为可选参数，表示步长，默认值为 1。若省略 beginIndex，默认值为 0，若省略 endIndex，则默认值为原字符串的长度。例如：

```
>>> s = "你好,Python"
>>> print(s[3:5])            # 从字符串 s 中截取索引值从 3 开始到索引值为 4 的字符
Py
>>> print(s[1:len(s)])       # 从字符串 s 中截取索引值从 1 开始到最后的所有字符
好,Python
>>> print(s[1:])             # 从字符串 s 中截取索引值从 1 开始到最后的所有字符
好,Python
>>> print(s[:3])             # 从字符串 s 中截取索引值从 0 开始到索引值为 2 的所有字符
你好,
>>> print(s[-3:])            # 从字符串 s 中截取索引值从 -3 开始到最后的所有字符
hon
>>> print(s[:-4])            # 从字符串 s 中截取索引值从 0 开始到索引值为 -5 的所有字符
你好,Py
>>> print(s[6:-1])           # 从字符串 s 中截取索引值从 6 开始到索引值为 -2 的所有字符
ho
```

步长可以是正整数，也可是负整数。正整数表示从左到右截取，负整数表示从右到左截取。例如：

```
>>> s = "你好,Python"
>>> print(s[1:8:2])          # 截取索引值从 1 到 7 每隔 1 个的字符,即索引为 1、3、5、7
好 Pto
>>> print(s[8:2:-1])         # 从右到左逆序截取,截取索引值从 8 到 3 的所有字符
nohtyP
>>> print(s[::-1])           # 从右到左逆序截取所有字符,即逆序输出字符串 s
nohtyP,好你
```

【例 2-4】 输入一个月份数字，返回对应月份名称的缩写。

分析：可以将所有月份名称缩写存储在字符串变量 months 中，通过字符串的切片操作截取适当的子串来查找特定月份。因为每个月份的缩写都由 3 个字母组成，如果 x 表示一

个月份的第 1 个字母，则 months[x：x+3]表示这个月份的缩写，代码如下：

```
#month208.py
months = "JanFebMarAprMayJunJulAugSepOctNovDec"
n = input("请输入月份数(1 - 12):")
x = (int(n) - 1) * 3
print("月份简写是:" + months[x:x + 3])
```

运行结果：

```
===================
请输入月份数(1 - 12):3
月份简写是:Mar
```

2.5.4　字符串的常用方法

在 Python 解释器内部，所有数据类型都采用面向对象方式实现，封装为一个类。字符串也是一个类，它具有类似< x >.< y >()形式的字符串处理函数。在面向对象中，这类函数被称为“方法”。Python 提供了许多字符串处理方法来实现对字符串的操作。

1. 字符串的查找与替换

(1) 查找：find()方法，查找字符串中是否包含子串，若包含则返回子串首次出现的位置，否则返回−1。

语法格式如下：

```
str.find(sub[,start[,end]])
```

参数含义：

sub：指定要查找的子串。

start：开始索引，默认从 0 开始。

end：结束索引，默认为字符串的长度。

例如：

```
>>> x = 't'
>>> string = 'Python'
>>> print(string.find(x))
2
```

(2) 替换：replace()方法，将当前字符串中的指定子串替换成新的子串，并返回替换后的新字符串，每次只能替换一个字符或一个字符串，把指定的字符串参数作为一个整体对待，类似于 Word、WPS 等文本编辑器的“全部替换”功能。

注意：返回一个新字符串，并不修改原来的字符串。

语法格式如下：

```
str. replace(old,new[,count])
```

参数含义：

old：被替换的旧子串。

new：替换。

count：表示替换旧字符串的次数，默认全部替换。

例如：

```
>>> txt = "hello world! hello china! hello python!"
>>> new_txt = txt.replace("hello","Hi",2)            # 指定替换两次
>>> print(new_txt)
Hi world! Hi china! hello python!
```

replace()方法返回替换后的新字符串，可以直接再次调用 replace()方法。例如：

```
>>> s = "Python 是一门非常棒的编程语言。"
>>> print(s.replace('棒','优雅').replace('编程', '程序设计'))
Python 是一门非常优雅的程序设计语言。
>>> print(s)
Python 是一门非常棒的编程语言。
```

2. 字符串分隔和拼接

(1) 分隔：split()方法，可以按照指定分隔符对字符串进行分隔，该方法返回由分隔后的子串组成的列表。

语法格式如下：

```
str. split(sep = None, maxsplit = -1)
```

参数含义：

sep：分隔符，默认为所有的空字符，包括空格、换行(\n)、制表符(\t)等。

maxsplit：分隔次数，默认值为－1，表示不限制分隔次数。

例如：

```
>>> s = "I love my motherland"
>>> print(s.split(' ',2))                # 以空格作为分隔符，并分隔 2 次
['I', 'love', 'my motherland']
>>> print(s.split(' '))                  # 使用空格进行分隔
['I', 'love', 'my', 'motherland']
>>> print(s.split())                     # 使用空白字符进行分隔
['I', 'love', 'my', 'motherland']
>>> print(s.split(maxsplit = 1))         # 最多分隔一次
['I', 'love my motherland']
>>> print('1,2,3,4'.split(','))          # 使用逗号作为分隔符
['1', '2', '3', '4']
```

(2) 拼接：join()方法，使用指定的字符连接字符串并生成一个新的字符串。

语法格式如下：

```
str.join(seq)
```

参数含义：

seq：需要连接的字符串。

例如：

```
>>> m = '*'
>>> s = 'hello'
>>> print(m.join(s))
h*e*l*l*o
>>> print('---'.join(s1))
h---e---l---l---o
```

3. 删除两端多余字符

字符串的两端可能会包含一些无用的字符(如空格)，在处理字符串之前往往需要先删除这些无用的字符，删除两端多余字符的方法如表 2-3 所示。

表 2-3　删除两端多余字符的方法

方法名称	功　能
lstrip(str)	去掉左边的 str 字符(不是字符串)，默认为空白字符
rstrip(str)	去掉右边的 str 字符
strip(str)	去掉左右两边的 str 字符

例如：

```
>>> x = ' = ** ===== hello world === *** '
>>> print(x.strip())                    # 删除两侧的空白字符
** ===== hello world === ***
>>> print(x.strip('= * '))              # 删除两侧的 = 、# 和空格
hello world
>>> print(x.lstrip('= * '))             # 删除左边的 = 、# 和空格
hello world === ***
>>> print(x.rstrip('= * '))             # 删除右边的 = 、# 和空格
 = ** ===== hello world
```

4. 字符串大小写转换

字母大小写转换：在特定情况下会对英文单词的大小写形式进行要求，表示特殊简称时全字母大写，如 CBA；表示月份、周几、节假日时每个单词首字母大写，如 Monday。字符串大小写转换的方法如表 2-4 所示。

表 2-4　字符串大小写转换的方法

方法名称	功　能
upper()	将字符串中所有元素都转为大写
lower()	将字符串中所有元素都转为小写
swapcase()	交换大小写。大写转为小写，小写转为大写
capitalize()	第一个大写，其余小写
title()	每个单词的第一次字符大写，其余均为小写

例如：

```
>>> text = 'my name is Tom.'
>>> print(text.upper())
MY NAME IS TOM.
>>> print(text.lower())
my name is tom.
>>> print(text.swapcase())
MY NAME IS tOM.
>>> print(text.capitalize())
My name is tom.
>>> print(text.title())
My Name Is Tom.
```

5. 字符串对齐

字符串的对齐方式为：在使用 Word 处理文档时可能需要对文档的格式进行调整，如标题居中显示、左对齐、右对齐等。字符串对齐的方法如表 2-5 所示。

表 2-5 字符串对齐的方法

方法名称	功能
center(width, fillchar)	返回一个指定的宽度 width 居中的字符串，fillchar 为填充的字符，默认为空格
ljust(width[, fillchar])	返回一个原字符串左对齐，并使用 fillchar 填充至长 width 的新字符串，fillchar 默认为空格
rjust(width,[, fillchar])	返回一个原字符串右对齐，并使 fillchar(默认空格)填充至长度 width 的新字符串

例如：

```
>>> print('居中'.center(20))                    # 返回字符串宽度 20,默认用空格填充
         居中
>>> print('居中'.center(20, '='))               # 返回字符串宽度 20,两侧使用等号填充
=========居中=========
>>> print('居右'.rjust(20, '#'))                # 左侧使用井号填充
##################居右
>>> print('居左'.ljust(20,'#'))                 # 右侧使用井号填充
居左##################
```

6. 判断开头结尾字符串

startswith(str)方法：测试字符串是否以 str 开始，若是则返回 True。

endswith(str)方法：测试字符串是否以 str 结束，若是则返回 True。

例如：

```
>>> text = 'my name is Tom.'
>>> print(text.startswith('my'))
True
>>> print(text.endswith('is'))
False
```

【例 2-5】 输入一个字符串，删除其中的重复空格，如果有连续的多个空格就只保留一个，然后输出处理后的字符串。

```
>>> s = "   hello        Python "
>>> s1 = s.split()
>>> print(s1)
['hello', 'Python']
>>> print(' '.join(s1))
hello Python
```

2.6 格式化输出

格式化输出是用一些变量值代替输出字符串的一部分进行输出的方式，同时还可以控制一些数字变量的位数，结果便于用户查看。Python 主要提供三种方法来实现格式化输出，一是早期就有的%，二是 Python 2.5 之后的 format()方法，三是 Python 3.6 新增的 f-string 格式化。按照时间顺序，每一种新方式的推出，都是对上一种方式的改进。f-string 在功能方面和性能方面又优于%和 format()方法，且使用起来也更加简洁明了，因此对于使用 Python 3.6 及以后的版本的用户，推荐使用 f-string 进行格式化输出。本书所有的例子均采用此方法，建议读者尽量使用该方法。三种格式化输出的基本用法及特点如表 2-6 所示。

表 2-6　三种格式化输出的基本用法及特点

<table>
<tr><th>格式化的方式</th><th colspan="2">示例代码及特点</th></tr>
<tr><td rowspan="2">%格式化
(Python 2.5 版本之前)</td><td>示例</td><td>>>> name="王浩"
>>> month=4
>>> pay=89.5
>>> print("%s 您好，您%d 月的话费是%.2f 元。"%(name,month,pay))
王浩您好，您 4 月的话费是 89.50 元。</td></tr>
<tr><td>特点</td><td>上述代码中，%s 表示字符串，%d 表示整数，%f 表示小数，%.2f 表示保留 2 位小数；当变量较多、类型不同时，很容易混淆；如果字符串较长或较多的参数，那么可读性就变得很差</td></tr>
<tr><td rowspan="2">format 格式化
(Python 2.6 新增)</td><td>示例</td><td>>>> name="王浩"
>>> month=4
>>> pay=89.5
>>> print("{}您好，您{}月的话费是{}元。".format(name,month,pay))
王浩您好，您 4 月的话费是 89.5 元。
>>> print("{1}您好，您{0}月的话费是{2}元。".format(month,name,pay))
王浩您好，您 4 月的话费是 89.5 元。
>>> # 可以把变量名称写进{}里面
>>> print("您{month}月的话费是{pay}元。".format(month=6,pay=90.5))
您 6 月的话费是 90.5 元。</td></tr>
<tr><td>特点</td><td>去掉了原有的%，取而代之的是{}，这种方式不用再去判断使用%s 还是%d。甚至还可以把变量名称写进{}里面进行识别。但 format 后面还是要把一大串变量名称重复写一遍，依然很麻烦</td></tr>
</table>

续表

格式化的方式	示例代码及特点	

f-string 格式化
(Python 3.6 新增)
	示例	>>> name="王浩"
		>>> month=4
		>>> pay=89.5
		>>> print(f"{name}您好,您{month}月的话费是{pay}元。")
		王浩您好,您 4 月的话费是 89.5 元。

	特点	语法上与 format()方法类似,但更为简洁,当字符串较长时也不会烦琐,并且它性能也最好,推荐使用此方法

2.6.1 使用 f-string 格式化输出

f-string(formatted string literals,格式化字符串常量)是 Python 3.6 新引入的一种格式化输出方法,主要目的是使格式化输出的操作更加简便。f-string 在形式上是 f 或 F 修饰符引领的字符串(f'xxx'或 F'xxx'),以大括号{}标明被替换的字段; f-string 在本质上并不是字符串常量,而是一个在运行时运算求值的表达式。

1. 使用"="拼接运算表达式与结果

在 Python 3.8 的版本中可以使用=符号来拼接运算表达式与结果。例如:

```
>>> x = 1
>>> print(f'{x + 1}')                # Python 3.6
2
>>> x = 1
>>> print(f'{x + 1 = }')             # Python 3.8 新增功能
x + 1 = 2
```

2. 格式控制标记

f-string 采用{content:format} 设置字符串格式,其中 content 是替换并填入字符串的内容,可以是变量、表达式或函数等,format 是格式控制标记。采用默认格式时不必指定{:format},如上面例子所示只写 {content} 即可。

格式控制标记可以包括填充、对齐、数字的正负号显示、#、宽度、千位分隔符、精度、类型等字段,都是可选的,可以单独使用,也可以组合使用,各字段含义如表 2-7 所示。

表 2-7 格式控制标记说明

格式控制标记	含义与作用
填充	用作填充的字符,默认为空格,常与对齐和宽度配合使用
对齐	<左对齐(字符串默认对齐方式) >右对齐(数值默认对齐方式) ^居中
数字的正负号显示	+显示正负号 -负数显示符号、正数不显示 空格:正数显示空格、负数不显示,只能是一个空格

续表

格式控制标记	含义与作用
#	显示前缀，比如 0b、0o、0x
宽度	当前占位符数据的输出宽度
千位分隔符	逗号(,)或下画线(_)可以显示数字类型的千位分隔符
精度	小数点(.)开头，浮点数表示小数位数，字符串表示最大输出长度
类型	s：普通字符串格式 b：二进制整数格式 c：字符格式，按 Unicode 编码将整数转换为对应字符 d：十进制整数格式 o：八进制整数格式 x：十六进制整数格式(小写字母) X：十六进制整数格式(大写字母) e：科学记数格式，以 e 表示×10^ E：与 e 等价，但以 E 表示×10^ f：浮点数格式，默认精度是 6 g：通用格式，小数用 f，大数用 e %：百分比格式，数字自动乘上 100 后按 f 格式排版，并加%后缀

<宽度>、<对齐>和<填充>是 3 个相关字段。<宽度>指当前{}的设定输出字符宽度，如果{}中输出的字符对应的长度比<宽度>的设定值大，则使用实际长度；如果长度小于指定宽度，则将默认以空格字符补充。例如：

```
>>> s = "我爱我的家乡!"
>>> print(f"***{s}***")
***我爱我的家乡!***
>>> print(f"***{s:4}***")          # 字符串 s 的宽度大于 4 位，按实际长度输出
***我爱我的家乡!***
>>> print(f"***{s:15}***")         # s 宽度设定 15 位，不足右边补空格(字符串默认左对齐)
***我爱我的家乡!        ***
>>> print(f"***{s:<15}***")        # 左对齐
***我爱我的家乡!        ***
>>> print(f"***{s:>15}***")        # 右对齐
***        我爱我的家乡!***
>>> print(f"{s:@^15}")             # 居中对齐且使用@填充
@@@@我爱我的家乡!@@@@
>>> n = 26
>>> print(f"n = {n:5d}")           # 整数宽 5 位，不足左边补空格(数值默认右对齐)
n =    26
>>> print(f"n = {n:05d}")          # 整数宽 5 位，不足左边补 0
n = 00026
```

<类型>对于整数，输出格式有 b、o、d、x、X、c。

在输出整数的时候，有时候需要转换为某个进制之后再输出。例如：

```
>>> n = 100
>>> print(f"{n:b}")                # 输出二进制，其中 b 表示二进制
1100100
>>> print(f"{n:o}")                # 输出八进制，其中字母 o 表示八进制
```

```
144
>>> print(f"{n:d}")        # 输出十进制,其中字母 d 表示十进制,默认十进制,可以直接使用 {n}
100
>>> print(f"{n:x}")        # 输出十六进制,其中字母 x 表示十六进制
64
>>> n = 97
>>> print(chr(n))          # 返回 ASCII 值对应的字符
a
>>> print(f"{n:c}")        # 返回 ASCII 值对应的字符
a
>>> print(f"{2.56:b}")     # b 用于浮点数,报错
ValueError: Unknown format code 'b' for object of type 'float'
```

注意：b、o、d、x 、X、c 这些只能用于整数，不能是其他类型的对象。

<类型>对于浮点数类型，输出格式有 f、%、e、E、g、G。

```
>>> a = 13.4678
>>> print(f"{a:f}")            # f 浮点数,没有指定精度,默认保留后 6 位,不够用 0 补齐
13.467800
>>> print(f"{a:e}")            # 科学记数格式
1.346780e+01
>>> print(f"{a:E}")            # 科学记数格式
1.346780E+01
>>> print(f"{a:%}")            # 百分比格式
1346.780000%
>>> print(f"{a:.3%}")          # 百分比格式,小数点后保留 3 位
1346.780%
```

<#>显示前缀，比如 0b、0o、0x。例如：

```
>>> n = 100
>>> print(f"{n:#b}")           # 显示二进制的前缀 0b
0b1100100
>>> print(f"{n:#o}")           # 显示八进制的前缀 0o
0o144
>>> print(f"{n:#x}")           # 显示十六进制的前缀 0x
0x64
>>> print(f"{n:#X}")           # 表示十六进制的 X,此时输出的内容也是大写格式的
0X64
```

<数字的正负号显示>字段中，+：显示正负号。-：负数显示负号、正数不显示。空格：正数显示空格、负数不显示，只能是一个空格。数字的正负号这几个符号不可混用，并且最多只能出现一次。例如：

```
>>> print(f"{100:+x}, {-100:+x}")          # 将 100 转换为十六进制输出,并显示正负号
+64, -64
>>> print(f"{100:-x}, {-100:-x}")          # 负数显示符号、正数不显示
64, -64
>>> print(f"{100: x}, {-100: x}")          # 负数显示符号、正数不显示
64, -64
>>> print(f"{100:+#x}, {-100:+#x}")        # 显示前缀, 比如 0x
+0x64, -0x64
```

<千位分隔符>字段中，格式控制标记中的逗号(,)或下画线(_)可以显示数字类型的千位分隔符。例如：

```
>>> num = 200_000_000
>>> print(num)                   # 输出时不显示_分隔符
200000000
>>> print(f"{num:_d}")           # 输出十进制的 num,输出时显示_分隔符
200_000_000
>>> print(f"{num:*^30_d}")       # 输出时居中对齐且使用*填充,显示_分隔符
*********200_000_000**********
>>> print(f"{num:_x}")           # 输出十六进制的 num,输出时显示_分隔符
beb_c200
>>> print(f"{num:_o}")           # 输出八进制的 num,输出时显示_分隔符
13_7274_1000
>>> print(f"{num:,d}")           # 分隔符还可以使用逗号
200,000,000
```

<精度>由小数点(.)开头，表示两个含义：对于浮点数，精度表示小数部分输出的有效位数；对于字符串，精度表示输出的最大长度。例如：

```
>>> num = 45.7853
>>> print(f"{num:.2f}")          # .2f 则是保留 2 位小数
45.79
>>> print(f"{num:10.2f}")        # 浮点数总宽 10 位，小数点后保留 2 位,如不够左侧补空格
     45.79
>>> print(f"{num:010.2f}")       # 也可以使用(也只能使用)0 来进行填充
0000045.79
>>> s = "我爱我的家乡!"
>>> print(f"{s:.2}")             # 对于字符串,.2 表示输出的最大长度是 2 个字符
我爱
```

2.6.2 使用%操作符格式化输出

%格式化输出是 Python 最早的，也是能兼容所有版本的一种格式化输出方法，在一些 Python 早期的库中，大多使用%格式化方式，它会把字符串中的格式化符按顺序用后面参数替换，非常类似 C 语言里的 printf()函数的字符串格式化。它的格式如下：

```
格式化字符串 % (值 1,值 2,…)
```

格式控制符用于控制字符串模板中不同符号的输出。例如，可以输出为字符串、整数、浮点数等形式。常用的格式控制符如表 2-8 所示。

表 2-8 常用的格式控制符

格式控制符	说　明
%d	格式化为带符号的十进制整数
%o	格式化为带符号的八进制整数
%x 或%X	格式化为带符号的十六进制整数
%e 或%E	格式化为科学计数法表示的浮点数

续表

格式控制符	说　明
%f 或%F	格式化为十进制浮点数,可指定小数点后的精度
%g 或%G	智能选择使用 %f 或 %e 格式
%c	格式化字符及其 ASCII 码
%s	格式化字符串

例如：

```
>>> "%d %d" % (8,8.3)                  # %d十进制整数,浮点数转换为整数输出
'8 8'
>>> x = 6
>>> y = 6.753
>>> print("x = %d,y = %d" % (x,y))     # 浮点数转换为整数输出,取整并不进行四舍五入
x = 6,y = 6
>>> "%e" % (100)                       # %e以科学记数法输出
'1.000000e + 02'
```

2.6.3　使用 format()方法格式化输出

Python 2.5 之后引入了一种新的格式化输出方法：format()方法。它摆脱了操作符“%”的特殊用法,使字符串格式化的语法更加规范。

1. format()方法的使用

字符串 format()方法的基本使用格式是：

```
<模板字符串>.format(<逗号分隔的参数>)
```

其中,模板字符串由一系列大括号({})组成,({})也称为槽,用于控制修改字符串中嵌入值出现的位置,其基本思想是将 format()方法中用逗号分隔的参数按照序号关系替换到模板字符串的{}中。如果模板字符串中有多个{},并且{}内没有指定任何序号(序号从 0 开始编号),则默认按照{}出现的顺序分别用参数替换,如图 2-5 所示。如果大括号中指定了使用参数的序号,按照序号对应参数替换,如图 2-6 所示。

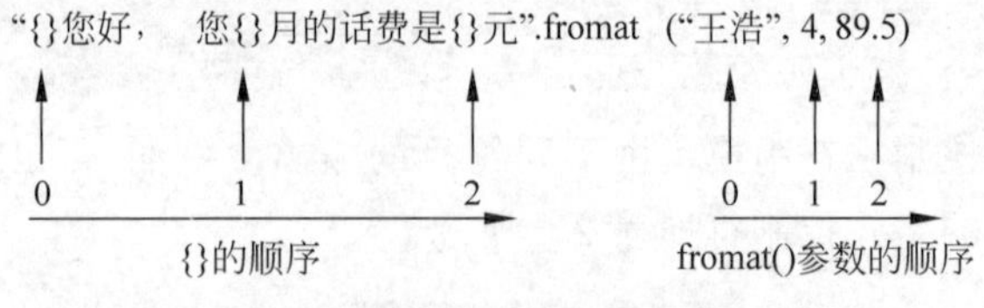

图 2-5　format()方法槽顺序和参数顺序(无序号)

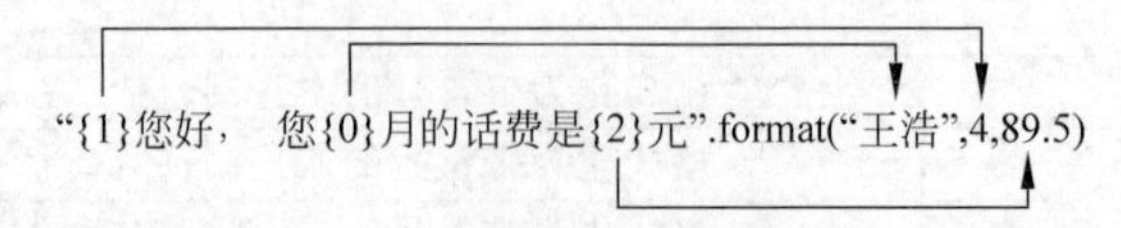

图 2-6　format()方法槽顺序和参数顺序(有序号)

2. format()方法格式控制

在 format()方法中，模板字符串的{}除了可以包含参数序号，还可以包含格式控制信息，此时{}的内部样式如下：

{<参数序号>:<格式控制标记>}

其中，格式控制标记用来控制参数显示时的格式，格式内容如图 2-7 所示。

:	填充	对齐	宽度	,	.精度	类别
引导符号	用于填充的单个字符	<左对齐 >右对齐 ^居中对齐	当前槽的设定输出字符宽度	数字的千位分隔符 适用于整数和浮点数	浮点数小数部分的精度或字符串的最大输出长度	整数类型 b,c,d,o,x,X 浮点数类型 e,E,f,%

图 2-7　{}中格式控制标记的字段

例如：

```
>>> "I like {} and {}".format("reading","sports")
'I like reading and sports'
>>>"I like {0:13} and {1:> 15}".format("reading","sports")
'I like reading      and          sports'
>>>"I like {: * ^13} ".format("reading")                # {}位置有 13 位,不足 * 补齐,字符居中
'I like *** reading *** '
>>> print("{:,d}".format(10000000))                     # 整型数据,添加千位分隔符(,)
10,000,000
>>> num = 0.1357
>>> print("{0:.2e}".format(num))                        # 科学记数法,小数点后保留 2 位
1.357000e - 01
>>> print("{0:.2 % }".format(num))                      # 百分比,小数点后保留 2 位
13.57 %
```

2.7　数据类型转换

数据类型转换，就是将自身的数据类型变成新的数据类型，并拥有新的数据类型的所有功能的过程。在程序处理过程中，有时需要将类型变更为更适合业务场景的类型，经常需要对各种数据进行类型转换，例如 a='1'，这是一个字符串类型，所以它无法执行数字类型的操作。Python 数据类型转换分为隐式类型转换和显式类型转换两种。

1. 隐式类型转换

在隐式类型转换中，Python 会自动将一种数据类型转换为另一种数据类型，不需要人为去干预。在使用数值类型进行数值运算时，范围小的数据类型会自动转换为范围大的数据类型，以避免数据丢失。Python 中的数值类型有：布尔类型、整型、浮点类型，将其按表示范围大小进行排序为：布尔类型<整型<浮点类。例如：

```
>>> value = 1 + True                 # 布尔类型自动转换为范围更大的整型
>>> print(value)
```

```
2
>>> value = 1.0 + True          # 布尔类型自动转换为范围更大的浮点类型
>>> print(value)                # True 转换后的浮点值为 1.0,False 转换后的浮点值为 0.0
2.0
>>> value = 1 + 1.0 + True      # 范围小的数据类型自动转换为范围大的数据类型
>>> print(value)
3.0
```

在表达式 1+1.0+True 中，按照左结合性先计算 1+1.0，1 是整型，1.0 是浮点类型，整型 1 自动转换为浮点类型 1.0，1+1.0 的结果为 2.0。同理 2.0+True 等价于 2.0+1.0，值为 3.0。

2. 显式类型转换

在显式类型转换中，用户将对象的数据类型转换为所需的数据类型。

通过 Python 提供的内置类型转换函数可以显式地在各种类型之间进行转换。常用的转换函数如表 2-9 所示。

表 2-9　常用的类型转换函数

函　　数	描　　述
int(x [,base])	将 x 转换为一个整数
float(x)	将 x 转换为一个浮点数
complex(real [,imag])	创建一个复数
str(x)	将对象 x 转换为字符串
repr(x)	将对象 x 转换为表达式字符串
eval(str)	用来计算在字符串中的有效 Python 表达式，并返回一个对象
chr(x)	将 ASCII 码值 x 转换为对应的字符
ord(x)	将字符 x 转换为对应的 ASCII 码值
hex(x)	将一个整数转换为一个十六进制字符串
oct(x)	将一个整数转换为一个八进制字符串

例如：

```
>>> int(2.8)              # 浮点数转换为整数类型，舍弃小数部分
2
>>> int("3")              # 字符串类型转换为整数类型
3
>>> float("3")            # 字符串类型转换为浮点数类型
3.0
>>> str(48)               # 整数类型转换为字符串
'48'
>>> str(3.0)              # 浮点数类型转换为字符串
'3.0'
>>> complex(4,3)          # 创建一个复数，实部为 4,虚部为 3
(4 + 3j)
>>> x = 7
>>> eval('3 * x')         # 用来计算在字符串中的有效 Python 表达式，并返回一个对象
21
>>> eval('6 + 9')
```

```
15
>>> chr(65)                  # 返回 ASCII 码值 65 对应的字符
'A'
>>> ord("A")                 # 返回字符 A 的 ASCII 码值
65
>>> n = 100
>>> print(bin(n))            # 将十进制数 100 转换为二进制数
0b1100100
>>> print(oct(n))            # 将十进制数 100 转换为八进制数
0o144
>>> print(hex(n))            # 将十进制数 100 转换为十六进制数
0x64
```

2.8　编程实例

【例 2-6】 从键盘输入一个三位整数，分离出它的个位、十位和百位并分别在屏幕上输出。

• 方法 1

首先可通过 input()函数获得用户输入的三位整数，接着可通过整除和取余计算分离出它的个位、十位和百位，并输出。以输入的数是 456 为例，则应输出 4、5、6。其中，百位数字可采用对 100 整除的方法得到，456//100＝4；个位数字可采用对 10 取余的方法得到，456%10＝6；十位数字可通过将其十位数字变化为最高位后再整除的方法得到，(456%100)//10＝5；也可通过将其十位数字变换为最低位再求余的方法得到，(456//10)%10＝5。代码如下：

```
x = int(input("请输入一个三位整数:"))                # x 为整数类型
n3 = x//100
n2 = (x % 100)//10
n1 = x % 10
print(f"百位 = {n3},十位 = {n2},个位 = {n1}")
```

运行结果：

```
================================
请输入一个三位整数:456
百位 = 4,十位 = 5,个位 = 6
```

• 方法 2

可以把用户输入的整数当作一个字符串，通过字符串的切片操作分离出个位、十位和百位数字。代码如下：

```
x = input("请输入一个三位整数:")              # x 为字符串类型
n3 = int(x[0])
n2 = int(x[1])
n1 = int(x[2])
print(f"百位 = {n3},十位 = {n2},个位 = {n1}")
```

【例 2-7】 让用户输入任意两个整数相乘的内容(如 12 * 118=),在输入结束后系统输出计算的结果(如 12 * 118=1416)。

分析:首先需要解决从用户输入的这个字符串序列中获取到所需的数值,然后通过转换为整数计算得到结果,并最终拼出所需的输出结果。

• **方法 1**

(1) 解决从用户输入的这个字符串序列中获取到所需的数值。

为方便测试,这里先使用固定的常量来表示输入字符串。对于如何从字符串中获取所需的数值,可以利用字符串的 split()方法,实现将一个字符串按照指定的分隔符切分成多个子字符串,代码如下:

```
>>> strs = '12 * 118 = '                    # strs 表示输入字符串
>>> print(strs.split('*'))                  # 按照星号(*)来分隔字符串 strs
['12', '18 = ']
```

按照星号来分隔现有字符串 strs,得到两个子字符串:'12'和 '118='。但是对于尾部的=号,还是没有去除。可以使用切片的方法在分隔前先去除尾部的=号,代码如下:

```
>>> strs = '12 * 118 = '
>>> print(strs[0: - 1])             # 获取最后一个等号之前的全部字符
12 * 118
```

接着,通过 split()方法最终得到子串,代码如下:

```
>>> strs = '12 * 118 = '
>>> str1, str2 = strs[0: - 1].split('*')            # 用两个变量来接收子串
>>> print(str1 str2)
12 118
```

这里分隔后产生两个子串'12'和'118',因此可以用两个变量来接收。

(2) 通过转换为整数计算得到结果。

由于变量 str1、str2 是字符串类型,因此如果需要参与计算,就需要进行类型的转换,代码如下:

```
>>> strs = '12 * 118 = '
>>> str1, str2 = strs[0: - 1].split('*')            # 用两个变量来接收子串
>>> print(int(str1) * int(str2))
1416
```

(3) 拼出所需的输出结果。

要得到最终所需的完整输出,就需要将计算结果和前面的输入形式结合起来,简单的做法就是直接将输入的内容拼接到计算结果的前面,但是直接相加会产生错误,代码如下:

```
>>> strs = '12 * 118 = '
>>> str1, str2 = strs[0: - 1].split('*')
>>> print(strs + int(str1) * int(str2))    #③
TypeError: can only concatenate str (not "int") to str
```

此时报错,错误信息为不能将字符串和整数相接。解决的方法是将计算结果(int 类型)

转换为字符串(str 类型),修改③处语句如下:

```
>>> print(strs + str(int(str1) * int(str2)))
12 * 118 = 1416
```

最后,替换为用户输入的写法,代码如下:

```
strs = input('输入任意两个整数相乘的内容(如 12 * 118 = ):')          # 用户输入
str1,str2 = strs[0: - 1].split('*')
print(strs + str(int(str1) * int(str2)))
```

运行结果:

```
===============================================
输入任意两个整数相乘的内容(如 12 * 118 = ):123 * 567 =
123 * 567 = 69741
```

解决同一个问题读者可以尝试着使用不同的代码来实现。下面提供了几种其他的方法来实现相同的功能。

- **方法 2**

对于方法 1 的第(1)步,获取字符串中数值的方法,还可以使用 index()方法,这个方法返回某个字符在字符串中的位置,代码如下:

```
>>> strs = '12 * 118 = '
>>> print(strs.index('*'))
2
```

这里输出为 2,表示星号在字符串中的序号,即第 2 个字符。因此,借助这个序号依然也可以分隔所需的两个数值,代码如下:

```
>>> strs = '12 * 118 = '
>>> str1 = strs[0:strs.index('*')]              # 切片得到子串 12,并赋值给变量 str1
>>> str2 = strs[(strs.index('*') + 1): - 1]     # 切片得到子串 118,并赋值给变量 str2
>>> print(str1,str2)
12 118
```

最终完整的代码为:

```
strs = input('输入任意两个整数相乘的内容(如 12 * 118 = ):')        # 用户输入
str1 = strs[0:strs.index('*')]
str2 = strs[(strs.index('*') + 1): - 1]
print(strs + str(int(str1) * int(str2)))
```

- **方法 3**

对于方法 1 的第(2)步,可以使用 eval()函数,该函数作用是计算字符串中有效的表达式,并返回结果,代码如下:

```
>>> s = "12 * 118"
>>> print(eval(s))    # 等价于 print(12 * 118)
1416
```

使用eval()函数，用户还可以输入浮点数进行乘法运算。按照这个思路，修改代码如下：

```
strs = input('输入任意两个整数相乘的内容(如"12 * 118 = "):')          # 用户输入
s = strs[0: - 1]                                                       # 通过切片去掉 = 号
print(strs + str(eval(s)))
```

本章习题

一、选择题

1. 下列可以作为Python合法变量名的是(   )。

   A. _a2　　B. 2a　　C. x−y　　D. xyz * 2

2. 语句x=input()执行后，如果从键盘输入12并按Enter键，则x的值为(   )。

   A. 12　　B. 12.0　　C. 1e2　　D. '12'

3. 不是Python中数据类型的是(   )。

   A. char　　B. int　　C. float　　D. str

4. 以下Python代码的运行结果是(   )。

```
x = 6
y = 4
x = 3/2 + x * y
print(x)
```

   A. 6　　B. 25　　C. 25.5　　D. 3/2+x * y

5. 运行下列Python程序，结果正确的是(   )。

```
a = 18
b = 7
b = a % b
c = a % b
print(b,c)
```

   A. 44　　B. 72　　C. 74　　D. 42

6. 运行下列Python程序，通过键盘输入6，则运算结果是(   )。

```
x = input()
print(x * 3)
```

   A. 666　　B. 18　　C. 6 * 3　　D. 6 3

7. 在Python中，已知a=4，b=3，运行下列程序段后，a和b的值为(   )。

```
a = a * b
b = a//b
a = a//b
```

A. a=3 b=4　　B. a=12 b=4　　C. a=4 b=3　　D. a=12 b=3

8. 运行下列 Python 程序,通过键盘输入 7,输出结果是(　　)。

```
a = int(input( ))
print(a + 5)
```

A. 5　　B. 7　　C. 12　　D. 其他

9. 运行完下列语句后,a 的值是(　　)。

```
a = 6
a * = a + 1
```

A. 6　　B. 42　　C. 37　　D. 30

10. 以下程序的执行结果是(　　)。

```
x,y = 5,7
x,y = y,x
print(x,y)
```

A. 5 5　　B. 7 5　　C. 5 7　　D. 7 7

11. max(0,6,−1,9,3)的结果是(　　)。

A. 0　　B. −1　　C. 9　　D. 3

12. 语句 print(0xA+0xB)的输出结果是(　　)。

A. 0xA+0xB　　B. A+B　　C. 0xA0xB　　D. 21

13. 语句 x='python'; y=2; print(x+y)的输出结果是(　　)。

A. 语法错误　　B. 2　　C. Python 2　　D. pythonpython

14. Python 表达式 sqrt(4) * sqrt(9)的值为(　　)。

A. 36.0　　B. 1296.0　　C. 13.0　　D. 6.0

15. 下列数据中,不属于字符串的是(　　)。

A. '家乡'　　B. '''people'''　　C. "93xs"　　D. str

16. Python 中转义字符由(　　)加上一个字符或数字组成。

A. /　　B. //　　C. \　　D. %

17. "s="Python",type(s)"的结果为(　　)。

A. <class'int'>　　B. <class'float'>

C. <class'str'>　　D. <class'String'>

18. (　　)打印出 python\test1\a.txt。

A. print("python\test1\a.txt")　　B. print("python\\test1\\a.txt")

C. print("python\"test1\"a.txt")　　D. print("python"\test1"\a.txt")

19. 从代表身份证号码 s="630304200609151201"中截取出生年份,正确的做法是(　　)。

A. s[6:10]　　B. s[6:11]　　C. s[5:10]　　D. s[5:9]

20. 以下程序的执行结果是(　　)。

```
s = '人生苦短,我用 Python'
a = '短'
print(a in s)
```

A. a in s　　B. 短　　C. True　　D. False

二、判断题

1. 0o359 是一个合法的八进制数字。(　　)
2. 使用 Python 变量前,必须先声明。(　　)
3. 不能在程序中改变 Python 变量的类型。(　　)
4. Python 的字符串中如果只有一个字符,被视作字符类型。(　　)
5. Python 语句中 print(r"\nGood")的运行结果是\nGood。(　　)

三、填空

1. 表达式 a=6.8 中的 a 被称为________。
2. Python 语言常用的输出函数是________,输入函数是________。
3. 语句 print(23,13,45, sep = ':')的输出结果是________。
4. 表达式(4 ** 0.5)的结果是________,4//2 的结果是________,10//4 的结果是________,10/4 的结果是________,7%4 的结果是________。
5. 语句 print(pow(-3,2),round(18.67,1))的输出结果是________。
6. 语句 print(hex(16),bin(10))的输出结果是________。
7. 语句 print(abs(-3.2),abs(1-2j))的输出结果是________。
8. 表达式 10+5//3-True+False 的值为________。
9. 表达式'15' * 3 的结果是________。
10. 语句'2023.9.10'.split('.')的结果是________。
11. 若 x="Hello",y="Python"则:

print(x+y)的输出结果是________;　　print(x * 3)的输出结果是________;
print(y[1])的输出结果是________;　　print(y[2:4])的输出结果是________;
print(y[-2])的输出结果是________;　　print(y[:-2])的输出结果是________;
print(y[-5:])的输出结果是________;　　print(y[-6:])的输出结果是________。

四、程序设计题

1. 输入一个矩形的长和宽,计算矩形的面积。
2. 输入一个学生高等数学、英语、计算机三门课的成绩,计算总分和平均分。平均分小数点后保留 2 位。
3. 输入一个三位整数,将这个三位数的百位与个位对调,使它们逆序输出。

样例:如输入:123,则输出:321。

4. 输入一个大写字母 c1 和一个小写字母 c2(c1 和 c2 之间用空格分开),把 c1 转换成小写,c2 转换成大写,然后输出(c1 和 c2 之间用","分开)。

样例:如输入:G h,则输出:g,H

5. 编写程序,通过数字 1~7 返回中文的星期一到星期日。

第3章

组合数据类型

CHAPTER 3

本章学习目标

- 了解 Python 语言的数据类型。
- 掌握各种组合数据类型的特点和应用场景，并能够合理使用。
- 掌握各种组合数据类型的创建、访问、操作方法。

Python 包含基本数据类型和组合数据类型，数字类型是基本数据类型，包括整数类型、浮点数类型、布尔类型和复数类型，这些类型仅能表示一个数据，这种表示单一数据的类型称为基本数据类型。然而，实际计算中却存在大量同时处理多个数据的情况，这就需要将多个数据有效组织起来并统一表示，这种能够表示多个数据的类型称为组合数据类型。

3.1　组合数据类型概述

利用计算机系统进行数据处理的一个优势是可以处理大量数据。为了更有效地完成数据处理，Python 会将相关的数据组织到一个结构中，称为组合数据。例如，一个班级的所有同学的姓名，图书馆书架上所有图书的书名，网上商店的所有商品名等。再如，一位同学的姓名、性别、出生日期、专业，一本图书的编号、书名、价格，商品的编号、商品名、价格、生产商等。

根据数据之间的关系，Python 的组合数据类型可以分为三类：序列类型、映射类型和集合类型。

Python 中典型的序列类型包括字符串(str)、列表(list)、元组(tuple)。字符串是单一字符的有序集合，所以也可以视作基本数据类型。无论哪种序列类型，都可以使用相同的索引体系，从左到右序列号递增(下标值从 0 开始)，从右到左序列号递减(下标值从 −1 开始)。序列可以进行的操作包括索引、切片、加、乘、检查成员。

集合类型与数学中集合的概念一致，Python 提供了一种同名的具体数据类型集合(set)，集合中的元素是无序的，集合中不允许有相同的元素存在；映射类型用键值对表示数据，典型的映射类型是字典(dict)。

Python 的组合数据类型如图 3-1 所示。

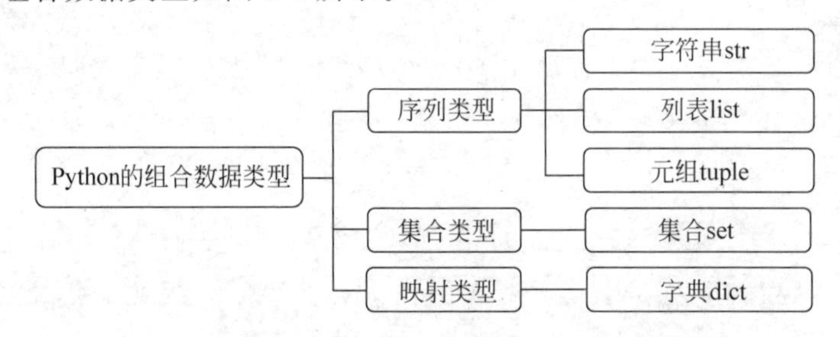

图 3-1　Python 的组合数据类型

3.2　列表

Python 支持多种复合数据类型，用于将多个值组合在一起。最通用的是列表，将一些值用逗号隔开放在方括号内就形成了列表。列表中的元素之间存在先后关系，所以列表中可以存在数值相同但位置(下标)不同的元素。一般的数据类型元素都可以保存在列表中，同一列表中元素的类型可以不同。

在列表中，元素与下标存在对应关系，可以方便地使用循环结构处理列表中的值，并用列表实现数组、栈等的功能。

3.2.1　列表的创建

列表的创建比较灵活，一般可以采用以下三种方法来创建。

(1) 赋值并创建列表。例如：

```
>>> squares = [1, 4, 9, 16, 25]
```

（2）通过 list()函数创建列表。例如：

```
>>> a = list()                      # 创建空列表
>>> a
[]
>>> c = list("abcd")                # 创建列表同时赋初值
>>> c
['a', 'b', 'c', 'd']                # 结果是多个字符元素
```

（3）可以利用 range()函数创建序列元素的列表。例如：

```
>>> c = [x for x in range(1,10,2)]
>>> c
[1, 3, 5, 7, 9]
```

3.2.2　列表的索引和切片

列表属于序列的一种，与字符串一样，列表可以进行索引和切片。列表的索引就是通过下标读取列表的元素。列表元素的下标有两种表示方法。

（1）从前到后的顺序，第一个元素的下标为0，其后的元素下标依次加1。

（2）从后向前的顺序，最后一个元素的下标为－1，之前的元素下标依次减1。

例如：

```
>>> squares = [1, 4, 9, 16, 25]
 [1, 4, 9, 16, 25]
>>> squares[0]
1
>>> squares[ -1]
25
```

列表的切片就是通过指定下标的起始和结束数值读取列表中连续的部分元素，其结果是一个新的列表，包含指定的起始下标元素，不包含指定的结束下标元素。使用列表的切片时，下标可以采用上述两种表示方法中的一种，例如：

```
>>> squares[1:3]                 # 结果不包含 squares[3]
[4, 9]
>>> squares[ -3:]                # 结束数值为空,表示到列表末尾
[9, 16, 25]
>>> squares[:]                   # 起始和结束数值均为空,表示整个列表
[1, 4, 9, 16, 25]
```

3.2.3　列表的修改

1. 修改列表中元素的值

和字符串不同的是，列表是可变的，可以在列表中指定下标的值对元素进行修改。

例如:

```
>>> cubes = [1, 8, 27, 65, 125]
>>> cubes[3] = 64
>>> cubes
 [1, 8, 27, 64, 125]
```

2. 修改列表切片的值

Python 可以通过为切片的元素重新赋值实现一次修改多个元素的值。为切片赋空列表可以实现删除部分元素的效果;如果为整个列表重新赋空列表,相当于删除所有元素。例如:

```
>>> letters = ['a', 'b', 'c', 'd', 'e', 'f', 'g']
>>> letters[2:5] = ['C', 'D', 'E']
>>> letters
['a', 'b', 'C', 'D', 'E', 'f', 'g']
>>> letters[2:5] = []
>>> letters
['a', 'b', 'f', 'g']
>>> letters[:] = []
>>> letters
[]
```

3.2.4 列表的连接和嵌套

1. 列表的连接

可以使用"+"将两个列表合成为一个列表,"+"号后的列表元素将排列在前一列表之后,例如:

```
>>> firstList = [1, 2, 3]
>>> secondList = [ 3,4, 5, 6]
>>> combinedList = firstList + secondList          # 无论元素是否重复
 [ 1, 2, 3, 3, 4, 5, 6]
```

2. 列表的嵌套

当列表的元素为列表时,称为列表的嵌套。在此情况下,要读取内部列表的元素需要在列表名后使用两个方括号,第一个方括号内的值为目标元素所在子列表,第二个方括号内的值为子列表中的目标元素,例如:

```
>>> stu1 = ['张三','M',20]
>>> stu2 = ['李四','F',19]
>>> stu3 = ['王五','M',21]
>>> stu = [stu1,stu2,stu3]
>>> stu
[['张三', 'M', 20], ['李四', 'F', 19], ['王五', 'M', 21]]
```

```
>>> stu[1]
['李四', 'F', 19]
>>> stu[1][2]
19
```

3.2.5 列表的方法

列表还有一些特有的方法,它们的主要功能是完成列表元素的增删改查等操作。处理列表的常用方法有 12 个,如表 3-1 所示。

表 3-1　处理列表的常用方法

方　法	说　明
len(listName)	列表包含元素的个数
listName. append(X)	在列表末尾添加元素,X 为添加到列表末尾的元素,可以是值或表达式
listName. insert(i,X)	在指定的位置插入元素。第一个参数为插入元素的索引。如果该参数为 0,则在列表最前面插入;如果该参数为列表的长度,则在最后面插入元素,相当于 append()方法
listName. remove(X)	删除列表中第一个值为 X 的元素。如果列表中没有值为 X 的元素,则会产生 ValueError 异常
dellistName[i]	删除指定索引的元素,可以使用切片指定元素范围
listName. pop(i)	删除并返回列表中索引为 i 的元素,如果该方法未设置参数,则删除并返回最后一个元素
listName. clear()	删除列表的所有元素
listName. index(x[,start[,end]])	在指定切片范围中搜索值为 X 的第一个元素,并返回其索引值。start,end 的值可选
listName. count(X)	返回列表中出现 X 的次数
listName. sort()	对列表进行排序。设置 reverse=True 的参数可以实现倒置
listName. reverse()	对列表元素的顺序进行倒置
listName. copy()	复制列表

注意:listName 表示列表名。例如:

```
>>> fruits = ['orange', 'apple', 'pear', 'banana', 'kiwi', 'apple', 'banana']
>>> fruits.count('apple')
2
>>> fruits.count('tangerine')
0
>>> fruits.index('banana')              # 返回符合条件的第一个下标
3
>>> fruits.index('banana', 4)           # 从索引 4 之后查找
6
>>> fruits.reverse()
>>> fruits
['banana', 'apple', 'kiwi', 'banana', 'pear', 'apple', 'orange']
>>> fruits.append('grape')
>>> fruits
['banana', 'apple', 'kiwi', 'banana', 'pear', 'apple', 'orange', 'grape']
```

```
>>> fruits.sort()
>>> fruits
['apple', 'apple', 'banana', 'banana', 'grape', 'kiwi', 'orange', 'pear']
>>> fruits.pop()
'pear'
```

3.3 元组

列表和字符串有很多共同的属性,都可以进行索引和切片操作。因为它们都属于序列,另外一种序列就是元组。

元组的特性和列表相似,两者最大的不同是元组中的元素是不可修改的,所以元组一般用于数据准备。例如,一副扑克牌的花色(只有4种而且不变)可以保存在元组当中。

3.3.1 元组的创建和访问

元组中的元素使用逗号分隔,所有元素可以放在圆括号内,圆括号也可以省略。与列表不同,元组中的元素值是不可以修改的。

1. 元组的创建

(1) 通过赋值形式创建。例如:

```
>>> x = (1,3,4,5)
>>> x
(1, 3, 4, 5)
>>> t = 12345, 54321, 'hello!'          # 创建元组时,外层的圆括号可以省略
>>> t
(12345, 54321, 'hello!')
```

(2) 创建只包含单个元素的元组。当创建的元组只有一个元素时,该元素后面的","不能省略,否则,Python将认为是在创建一个其他类型的变量。例如:

```
>>> t1 = 3,                             # 只有一个元素时,末尾的逗号不能省略
>>> t1
(3,)
>>> t2 = 3                              # t2为整型变量
>>> t2
3
>>> type(t1)                            # 检测t1的类型,为元组类型
<class 'tuple'>
type(t2)                                # 检测t2的类型,为整型
<class 'int'>
```

(3) 使用tuple()函数和range()函数创建序列元素的元组。例如:

```
>>> t = tuple(range(1,10,2))
>>> t
(1, 3, 5, 7, 9)
```

2. 访问元组中的元素

访问元组中的元素方法与列表相同，可以通过下标或切片访问单个元素或多个元素。例如：

```
>>> x = (1,3,5,7,9)
>>> x[0]                          # 使用索引访问元组中的元素
1
>>> x[-1]
9
>>> x[0:3]                        # 使用切片访问元组中的元素
(1, 3, 5)
```

3.3.2 元组的更新和删除

1. 元组的更新

元组是不可变序列，元组中的元素不能被修改，试图修改元组中的元素会出现错误。例如：

```
>>> x = (1,3,5,7,9)
>>> x[0] = -5
TypeError: 'tuple' object does not support item assignment
```

（1）可以通过创建一个新的元组去替代旧的元组。例如：

```
>>> x = (1,3,5,7,9)
>>> x
(1, 3, 5, 7, 9)
>>> x = ('a','b','c')              # 对元组 x 进行重新赋值
>>> x
('a', 'b', 'c')
```

（2）使用运算符"+"连接多个元组，生成一个新的元组，实现向元组中添加新元素。例如：

```
>>> x = (1,3,5,7,9)
>>> y = ('a','b','c')
>>> z = x + y                      # 通过"+"连接多个元组,生成一个新的元组
>>> z
(1, 3, 5, 7, 9, 'a', 'b', 'c')
```

（3）间接更新。元组的元素既可以是基本数据类型，也可以是列表或元组等组合数据类型。元组中元素的值不可以被修改，但如果元组的某个元素是可以修改的数据类型，则可通过修改该元素中的值实现元组的间接更新。例如：

```
>>> t = ([1,2,3],'x','y')          # 元组 t 中的第 1 个元素是列表类型
>>> t[0]
[1, 2, 3]
```

```
>>> t[0][1] = 4                    # 通过下标修改列表类型中的元素
>>> t
([1, 4, 3], 'x', 'y')
```

2. 删除的元组

当创建的元组不再使用时，可以使用 del 关键字将其删除。Python 自带垃圾回收功能，会自动销毁不用的元组，所以一般不需要使用 del 来手动删除。例如：

```
>>> x = (1,3,5,7,9)
>>> del x
>>> x
Traceback (most recent call last):
  File "<pyshell#23>", line 1, in <module>
    x
NameError: name 'x' is not defined
```

此时，如果再调用 x，编译器将会抛出异常信息，提示该变量未定义。

3.3.3 元组同时为多个变量赋值

将多个数据赋值给元组可以看成是将数据组合在一起的过程，元组可以同时将所有元素一次赋值给多个变量，这时就要求赋值符号左边的变量数与元组的元素个数相同，否则会产生异常。例如：

```
>>> t = (1,2,3)
>>> x,y,z = t
>>> x
1
>>> y
2
>>> z
3
```

3.4 集合

Python 语言中的集合是一个包含 0 个或多个数据项且无序的、不重复的数据组合，其中，元素类型只能是固定数据类型，如整数、浮点数、字符串、元组等。相反，列表、字典和集合本身都是可变数据类型，因此它们不能作为集合元素来使用。

3.4.1 集合的创建

Python 提供了两种创建集合的方法，分别是使用{}创建和使用 set()函数将列表、元组等类型数据转换为集合。

(1) 使用{}创建集合，通过定义集合变量同时赋初值的方式创建集合。例如：

```
>>> basket = {'apple', 'orange', 'apple', 'pear', 'orange', 'banana'}
>>> basket
{'orange', 'banana', 'pear', 'apple'}
```

（2）使用 set()函数创建集合。集合元素是独一无二的，使用集合类型可以过滤掉重复元素。set(x)函数用于生成集合，输入任意组合数据类型的参数，返回一个无序不重复的集合。例如：

```
>>> a = set('abracadabra')
>>> a
{'a', 'r', 'b', 'c', 'd'}
>>> square = [1,4,9,16,25]
>>> squareSet = set(square)
>>> squareSet
{1, 4, 9, 16, 25}
```

3.4.2 集合的运算

Python 中的集合与数学中集合的概念是一致的，因此，两个集合可以做数学意义上的交集、并集、差集计算等。

例如有两个集合，分别为 a＝{10,20,30}和 b＝{20,30,40}，它们既有相同的元素，也有不同的元素。以这两个集合为例，分别做不同的集合运算的结果如表 3-2 所示。

表 3-2　集合的运算

运算符	名称	含义	实例
&	交集	取两个集合的公共元素	>>> a&b {20, 30}
|	并集	取两个集合的全部元素	>>> a|b {20, 40, 10, 30}
－	差集	取一个集合中另一个集合没有的元素	>>> a－b {10}
^	对称差集	合并后去掉共同包含的元素	>>> a^b {40, 10}

3.4.3 集合的操作

集合是无序组合，没有索引和位置的概念，不能切片，集合中的元素可以动态增加或删除。集合的常用方法如表 3-3 所示。

表 3-3　集合的常用方法

方法	等价符号	说明
a.issubset(b)	a<=b	子集测试（允许不严格意义上的子集）
	a<b	子集测试（严格意义上的子集）
a.issuperset(b)	a>=b	超集测试（允许不严格意义上的超集）
	a>b	超集测试（严格意义上的超集）

续表

方　法	等价符号	说　明
a.union(b)	a|b	合并操作：a 或 b 中的元素
a.intersection(b)	a&b	交集操作：a 与 b 中的元素
a.copy()		返回 a 的复制
a.add(obj)		加操作：将 obj 添加到 a
a.remove(obj)		删除操作：将 obj 从 a 中删除，如果 a 中不存在 obj，将引发异常
a.pop()		弹出操作：移除并返回 a 中的任意一个元素
a.clear()		清除操作：清除 a 中的所有元素

集合的成员运算如表 3-4 所示。

表 3-4　集合的成员运算

成员运算	说　明
obj in a	判断集合 a 中是否包含 obj 元素，结果为 True 或 False
obj not in a	判断集合 a 中是否包含 obj 元素，结果为 True 或 False

例如：

```
>>> a = {10,20,30}
>>> a.add('OK')                        # 加操作:将'OK'添加到 a 中
>>> print("a = ",a)
a = {10, 20, 30, 'OK'}
>>> b = {20,30,40}
>>> b.remove(30)                       # 删除操作:将 30 从集合 b 中删除
>>> print("b = ",b)
b = {40, 20}
>>> 20 in b                            # 判断集合 b 中是否包含 20
True
>>> b.clear()                          # 清除操作:清除集合 b 中的所有元素
>>> print("b = ",b)
b = set()
>>> 20 in b
False
```

3.5　字典

列表可以看作有序的容器，对放进去的每一个数据在列表中有一个编号，通过这个编号可以访问数据，而这个编号是一个整数。生活中有一些类似但不相同的场景，如通讯录。通讯录中的数据以名字来存取。通过一个名字，可以访问其中的电话号码等数据。

Python 提供了一种数据类型，可以用名字做索引来访问其中的数据，这种类型就是字典。换言之，字典是一个用“键”做索引来存储数据的集合，就像列表是用整数做索引一样，“键”在这里起到的作用就是索引。列表的一个索引对应着列表中的一个数据，字典中的一个“键”对应着字典中的一个数据，即可以通过“键”获得“值”。一个键和它所对应的数据形成字典中的一个条目。数值或者元素不可变的组合数据类型都可以作为“键”，并且在一个字典中，“键”是不可以重复的。

3.5.1　字典的创建

字典用于存储成对的元素，在一个字典对象中，键值不能重复，用于唯一标识一个键值对，而对于值的存储则没有任何限制。字典可以看成是由键值对构成的列表，在搜索字典时，首先查找键，当查找到键后就可以直接获取该键对应的值，这是一种高效实用的查找办法。

字典可以用标记"{}"创建，字典中每个元素包含键和值两部分，键和值用冒号分开，元素之间用逗号分隔。dict()函数用于创建字典，函数参数为"键＝值"或"(键，值)"，参数中间用逗号隔开。

【例3-1】 创建由"名字：电话号"构成的键值对字典。

```
tel1 = {}              # 创建一个空的字典,该字典不包含任何元素
tel2 = {'Joe': 4139, 'Peter': 4127,'Jack': 4098}
tel3 = dict(Joe =  4139,Peter =  4127,Jack = 4098)
tel4 = dict([('Joe', 4139), ('Peter', 4127), ('Jack', 4098)])
print('tel1 = ',tel1)
print('tel2 = ',tel2)
print('tel3 = ',tel3)
print('tel4 = ',tel4)
```

运行结果：

```
====================================
tel1 =  {}
tel2 =  {'Joe': 4139, 'Peter': 4127, 'Jack': 4098}
tel3 =  {'Joe': 4139, 'Peter': 4127, 'Jack': 4098}
tel4 =  {'Joe': 4139, 'Peter': 4127, 'Jack': 4098}
```

在例3-1中，第1行用于创建一个空的字典，该字典不包含任何元素，可以向字典中添加元素。第2行是典型的创建字典的方法，是用"{}"括起来的键值对。第3行使用dict()函数，通过关键字参数创建字典。第4行使用dict()函数，通过键值对序列创建字典。

3.5.2　字典的操作

字典包含多个键值对，而键是字典的关键数据，因此对字典的操作都是基于键的。基本操作如下。

(1) 字典的操作主要是向字典中增加新值和通过"键"读取"值"。例如：

```
>>> tel = dict([('Joe', 4139), ('Peter', 4127), ('Jack', 4098)])
>>> print(tel['Jack'])                # 读取字典元素
4098
>>> tel['Jack'] = 4088                # 修改字典元素"键"所对应的值
>>> print(tel['Jack'])
4088
>>> tel['Mike'] = 3298                # 如果访问字典的"键"不存在,则自动添加到该字典中
>>> tel
{'Joe': 4139, 'Peter': 4127, 'Jack': 4088, 'Mike': 3298}
```

(2) 可以使用 del 关键字删除字典中的元素。例如：

```
>>> del tel['Jack']
>>> tel
{'Joe': 4139, 'Peter': 4127, 'Mike': 3298}
```

(3) 使用 list()函数可以将字典的“键”生成一个列表。例如：

```
>>> list(tel)
['Joe', 'Peter', 'Mike']
```

(4) 使用 sorted()函数可以将字典的“键”生成一个列表，同时进行排序。例如：

```
>>> sorted(tel)
['Joe', 'Mike', 'Peter']
```

(5) 用 in 和 not in 运算符可以检测一个键是否存在于字典中，返回 True 或 False。例如：

```
>>> print('Jack' in tel)
True
>>> print('Joe' not in tel)
False
```

本章习题

一、填空题

1. 列表、元组、字符串是 Python 的________(有序/无序)序列。

2. 表达式[1,2,3] * 3 的执行结果为________。表达式(1,2,3) * 3 的执行结果为________。表达式'123' * 3 的执行结果为________。

3. 表达式 [2]in[1,2,3,4]的值为________。

4. 任意长度的 Python 列表、元组和字符串中最后一个元素的索引为________。

5. 语句 list(range(1,10,3))的执行结果为________。

二、判断题

1. Python 字符串提供切片访问方式，采用[N:M]格式，表示字符串中从 N 到 M 的索引子字符串(包含 N 和 M)。(　　)

2. del 命令既可以删除列表中的一个元素，也可以删除列表的所有元素。(　　)

3. 在 Python 语言中，字符类型是字符串类型的子类型。(　　)

4. s[0:-1]与 s[:]表示的含义相同。(　　)

5. 列表中的所有元素数据类型必须相同。(　　)

三、选择题

1. 访问字符串的部分字符的操作为(　　)。

A. 分片　　B. 合并　　C. 索引　　D. 赋值

2. Python 语句 print(type([1,2,3,4]))的输出结果是(　　)。

A. <class'tuple'>　　B. <class'dict'>　　C. <class'set'>　　D. <class'list'>

3. 若 alist=[3,2],则执行 alistinsert(-1,9)后,alist 的值是(　　)。

A. [3,2,9]　　B. [3,9,2]　　C. [9,3,2]　　D. [9,2,3]

4. 与代码[1, 2, 3,'1','2','3'][-2]执行结果一致的是(　　)。

A. [1, 2,3][-2]　　B. ['1', 2,'3'][-2]

C. (0, 1, 2, 3,'1', '2', '3', '4')[4]　　D. (3,'1','2')[-1]

5. 以下程序的输出结果是(　　)。

```
L2 = [1,2,3,4]
L3 = L2.reverse()
print( L3)
```

A. [4, 3, 2, 1]　　B. [3, 2, 1]　　C. [1,2,3,]　　D. None

6. 以下不是 tuple 类型的是(　　)。

A. (1)　　B. (1,)

C. ([], [1])　　D. ([{'a': 1}], ['b', 1])

7. 以下代码的执行结果是(　　)。

```
a = {'name': 'Jack', 'age': 28, 'job': 'teacher'}
print(sorted(a))
```

A. ['name', 'job', 'age']

B. {'name': 'Jack', 'job': 'teacher', 'age': 28}

C. ['age', 'job', 'name']

D. {' age': 28, 'job': 'teacher' ,'name': 'Jack'}

8. 以下说法错误的是(　　)。

A. 元组的长度可变　　B. 列表的长度可变

C. 可以通过索引访问元组　　D. 可以通过索引访问列表

9. 以下对字典的说法错误的是(　　)。

A. 字典可以为空　　B. 字典的键不能相同

C. 字典的键不可变　　D. 字典的键的值不可变

10. 在 Python 中,不同的数据,需要定义不同的数据类型,可用方括号“[]”来定义的是(　　)。

A. 列表　　B. 元组　　C. 集合　　D. 字典

四、程序设计题

1. 为保护环境,很多城市开始对垃圾实行分类,为了让大家了解垃圾的分类情况,建立了以下 4 类列表,list1(可回收垃圾)、list2(有害垃圾)、list3(易腐垃圾),剩下的为其他垃圾。目前,列表中已经存储了以下数据:

list1=["玻璃瓶","旧书","金属","纸板箱","旧衣服","易拉罐"]

list2=["胶片","消毒水","纽扣电池","水银温度计","过期药水","泡沫塑料"]

list3=["动物内脏","菜叶菜梗","过期食品","香蕉皮","果壳"]

根据现有列表,实现以下功能:

(1) 从列表 list3 中取出"过期食品"。

(2) 从 list1 中截取["旧书","金属","纸板箱"]。

(3) 现又发现一个新的列表如下:list4=["过期化妆品","过期药品","杀虫剂"],经判断,里面存放的为有害垃圾,将该列表中的元素添加到 list2 中。

(4) 小李在路上捡到了一个塑料瓶,判断为可回收垃圾,请将塑料瓶添加到列表 list1 中。

2. 有两个集合 set1={'A','e','3','f','7','','S'}, set2={'d','3','W','x','f','','9'},求两个集合的交集、并集。

第4章

程序控制结构

CHAPTER 4

本章学习目标

- 理解程序和算法的基本概念，能够绘制简单算法的程序流程图。
- 理解和掌握条件表达及其用法。
- 掌握程序的分支结构，能够运用 if 语句实现分支结构程序设计。
- 掌握程序的循环结构，能够运用 for 语句和 while 语句设计程序。
- 掌握 break 和 continue 语句的使用方法。

程序是由多条语句组成的，描述解决实际问题的执行步骤。执行程序就是按特定的流程执行程序中的语句。为了控制程序中各个语句的执行顺序，编程语言提供控制流程的手段，称为流程控制结构或程序控制结构。程序控制结构是 Python 程序设计中一个重要的内容。本章主要介绍编写 Python 程序必须掌握的顺序结构、分支结构和循环结构等结构化程序设计中规定的三种基本控制结构。掌握这些控制结构以及控制程序走向的基本语句，可以更好地编写 Python 程序。

4.1 程序控制结构概述

4.1.1 程序的概念

1. 程序

计算机程序是计算机指令的某种组合，控制计算机的工作流程，完成一定的逻辑功能，以实现某种任务，简称程序。通常，程序由高级语言编写，然后在编译的过程中，被编译器/解释器转译为机器语言，从而得以执行。

程序设计是给出解决特定问题程序的过程，是软件构造活动中的重要组成部分。程序设计通常是以某种程序设计语言为工具，给出程序代码。程序设计过程应当包括分析问题、设计算法、编写程序、调试程序（测试、排错等）和编写文档等不同阶段。

著名的计算机科学家、图灵奖获得者尼古拉斯·沃斯（Niklaus Wirth）曾提出一个经典公式：程序＝数据结构＋算法。该公式说明程序由数据结构和算法两部分构成，其中数据结构（Data Structure）是数据的描述和组织形式，算法（Algorithm）是指对解决某问题的流程或步骤进行描述。编写程序的关键就在于合理地组织数据和设计算法。

2. 数据结构

数据结构是指相互之间存在着一种或多种关系的数据元素的集合和该集合中数据元素之间的关系。通常，数据结构具体包括三个组成成分：数据的逻辑结构、数据的存储结构（也称物理结构）和数据的运算结构。

(1) 数据的逻辑结构是指数据元素之间的逻辑关系，即从逻辑关系上描述数据，与数据的存储无关，是独立于计算机的。

数据的逻辑结构包括4类基本结构：集合、线性结构、树形结构和图形结构。

① 集合的数据元素间的关系是“属于同一个集合”。

② 线性结构的数据元素之间存在着一对一的关系。

③ 树形结构的数据元素之间存在着一对多的关系。

④ 图形结构的数据元素之间存在着多对多的关系。

(2) 数据的存储结构是指数据的逻辑结构在计算机存储空间的存放形式（又称映像），包括数据元素的机内存储表示和逻辑关系的机内存储表示。

数据的存储结构包括4种基本结构：顺序存储、链式存储、索引存储和散列存储。

① 顺序存储：将逻辑上相邻的元素存储在物理位置相邻的存储单元里，元素之间的逻辑关系由存储单元的邻接关系来体现。顺序存储结构是一种最基本的存储表示方法，通常借助于程序设计语言中的数组来实现。其优点是可以实现随机存取，每个元素占用最少的存储空间；缺点是只能使用相邻的一整块存储单元，因此可能产生较多的外部碎片。

② 链式存储：不要求逻辑上相邻的元素在物理位置上也相邻，借助指示元素存储地址的指针表示元素之间的逻辑关系。链式存储结构通常借助于程序设计语言中的指针类型来

实现。其优点是不会出现碎片现象,充分利用所有存储单元;缺点是每个元素因存储指针而占用额外的存储空间,并且只能实现顺序存取。

③ 索引存储:在存储元素信息的同时,还建立附加的索引表。索引表中的每一项称为索引项,索引项的一般形式为(关键字,地址)。其优点是检索速度快;缺点是增加了附加的索引表,会占用较多的存储空间,另外,在增加和删除数据时要修改索引表,会花费较多的时间。

④ 散列存储:根据元素的关键字直接计算出该元素的存储地址,又称为Hash存储。其优点是检索、增加和删除数据的操作都很快;缺点是如果散列函数不好可能出现元素存储单元的冲突,而解决冲突会增加时间和空间开销。

(3) 数据的运算结构是指在该数据逻辑结构上的运算定义以及存储结构上的运算实现。

数据的运算结构包括运算的定义和实现。其中,运算的定义是针对数据的逻辑结构,指出运算的功能;运算的实现是针对数据的存储结构,指出运算的具体操作步骤。不同的数据结构其操作集不同,但以下操作必不可缺:结构的生成,结构的销毁,在结构中查找满足规定条件的数据元素,在结构中插入新的数据元素,删除结构中已经存在的数据元素,结构遍历。

3. 算法

算法是对特定问题求解步骤的一种描述,是独立存在的一种解决问题的方法和思想。算法是指令的有限序列,其中每一条指令表示一个或多个操作。

设计算法是程序设计的核心。算法的表示方法主要包括自然语言、伪代码、流程图(Flow Chart)、N-S流程图(又称为盒图)、问题分析图(Problem Analysis Diagram,PAD)等。下面重点介绍程序流程图。

程序流程图是用一系列的图形、流程线和文字描述算法中的基本操作和控制流程,又称为算法流程图。

程序流程图的基本元素包括起止框、判断框、处理框、输入/输出框、流程线和连接点等。程序流程图的基本元素如图4-1所示。

图4-1 程序流程图的基本元素

(1) 起止框(圆弧形框):表示程序开始或结束。

(2) 判断框(菱形框):表示对给定条件进行判断,并根据给定条件是否成立决定如何执行其后的操作,包含一个入口、两个出口。

(3) 处理框(矩形框):表示若干个处理功能。

(4) 输入/输出框(平行四边形框):表示数据输入或结果输出。

(5) 流程线(指向线):表示流程的路径和方向。

(6) 连接点(圆圈):将不同地方的流程线连接起来,避免流程线交叉或过长。

4.1.2 程序设计

1. 程序设计过程

程序设计是软件开发工作的重要部分。程序设计过程主要由分析问题、设计算法、编写程序、调试程序和编写文档等组成。

(1) 分析问题。对于接收的任务要进行需求分析,研究所给定的条件,分析最后应达到的目标,找出解决问题的规律,选择解题的方法,完成实际问题。

(2) 设计算法。设计出解题的方法和具体步骤。

(3) 编写程序。将算法翻译成计算机程序设计语言,对源程序进行编辑、编译和连接。

(4) 调试程序。运行可执行程序,分析程序运行结果是否合理。如果不合理,则对程序进行上机调试,查找问题、修改源程序,再重新编译和连接,直至满足要求为止。

(5) 编写文档。编写程序说明书(类似产品说明书),内容主要包括程序名称、程序功能、运行环境、程序的装入和启动、需要输入的数据以及使用注意事项等。

2. 结构化程序设计

结构化程序设计是进行以模块功能和处理过程设计为主的详细设计的基本原则。其概念最早由艾兹格·迪科斯彻(Edsger Wybe Dijkstra)在 1965 年提出,是软件发展的一个重要里程碑。结构化程序设计提出的原则可以归纳为:自顶向下,逐步细化;清晰第一,效率第二;书写规范,缩进格式;基本结构,组合而成。

结构化程序设计方法引入工程思想和结构化思想,使大型软件的开发和编程得到极大改善。其主要原则包括自顶向下、逐步求精和模块化。

(1) 自顶向下。设计程序时应先考虑总体,后考虑细节;先考虑全局目标,后考虑局部目标。设计程序时不要一开始就过多追求众多的细节,先从最上层总目标开始,逐步使问题具体化。

(2) 逐步求精。对复杂的问题,应设计一些子目标做过渡,并逐步细化。

(3) 模块化。一个复杂问题,肯定由若干稍简单的问题构成。模块化是把程序要解决的总目标分解为若干分目标,再进一步分解为具体的小目标,把每个小目标称为一个模块。

1966 年,计算机科学家科拉多·伯姆(Corrado Bohm)和朱塞佩·贾可皮尼(Giuseppe Jacopini)已证明:任何简单或复杂的算法都可以由顺序结构、分支结构和循环结构这三种基本结构组合而成。上述三种基本结构能够实现任何单入口、单出口的程序,这为结构化程序设计方法的产生奠定了理论基础。

4.1.3 程序的基本结构

Python 根据程序中语句执行的顺序,其流程控制结构包括顺序结构、分支结构和循环结构三种。

(1) 顺序结构,是程序最简单的流程控制结构,也是最常用的流程控制结构,只要按照解决问题的顺序写出相应的语句就可以,其执行顺序是自上而下,依次执行。

(2) 分支结构,又称选择结构,是指程序根据条件的成立与否,再决定需要执行哪些语句的一种流程控制结构。

(3) 循环结构,又称重复结构,是指程序根据条件的成立与否,再决定需要反复执行某些语句的一种流程控制结构。循环结构有两类:条件循环和遍历循环。

三种基本结构有以下共同特点:只有一个入口;只有一个出口;结构内的每一部分都有机会被执行到;结构内不存在“死循环”(无终止的循环)。

4.2　顺序结构

在现实生活中,按照顺序处理问题的情况是非常普遍的。例如,按照说明书步骤来启用新购买的电子设备,按照课程表的顺序来上课等。顺序结构是指程序中语句(或命令)执行的顺序是按照语句出现的先后顺序依次执行,是最简单、最常用的程序结构。顺序结构流程图如图 4-2 所示。执行过程中,依次先执行语句块 1,再执行语句块 2,最后执行语句块 3。其中,每个语句块可以是单独一个语句。

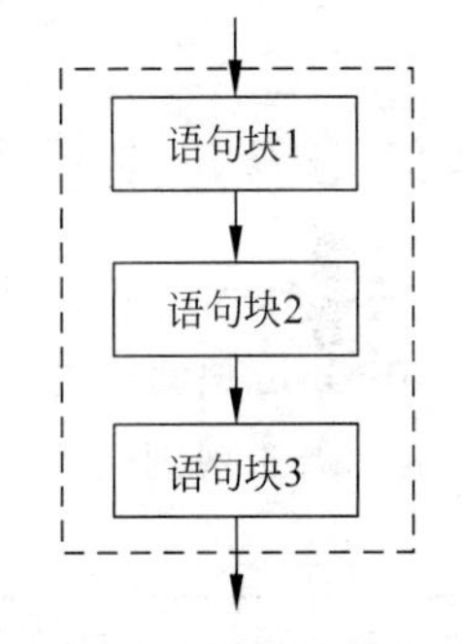

图 4-2　顺序结构流程图

【例 4-1】　求方程 $2x^2+5x-1=0$ 的两个实数根。

分析:一元二次方程的通式为 $ax^2+bx+c=0$,根据求根公式可知,当 $b^2-4ac\geqslant 0$ 时,方程有两个不同的实数根。由于 $2x^2+5x-1=0$ 对应的 $b^2-4ac>0$,因此该方程有两个不同的实数根。

代码如下:

```
import math                    # 导入 math 模块
a = 2
b = 5
c = -1
d = math.sqrt(b * b - 4 * a * c)
x1 = (-b + d)/(2 * a)
x2 = (-b - d)/(2 * a)
print("方程的两个实数根为:",x1,x2)
```

运行结果:

```
================================
方程的两个实数根为: 0.18614066163450715 -2.686140661634507
```

4.3　条件表达式

在分支(选择)结构和循环结构中,需要通过判断条件表达式的值来确定下一步的执行路径(或流程)。当值为逻辑真(True)时表示条件成立,值为逻辑假(False)时表示条件不成立。因此,了解和掌握条件表达式及其用法是非常重要的。

条件表达式包括关系表达式、逻辑表达式和其他混合条件表达式。条件表达式的组成如图 4-3 所示。从狭义上说，条件表达式的值只有两个：True 和 False，但是在 Python 中，条件表达式的值除了 True 和 False 之外，还有其他等价的值。例如，整数 0 或者浮点数 0.0 等、空值 None、空列表、空元组、空字符串等都与 False 等价，在使用时应加以注意。

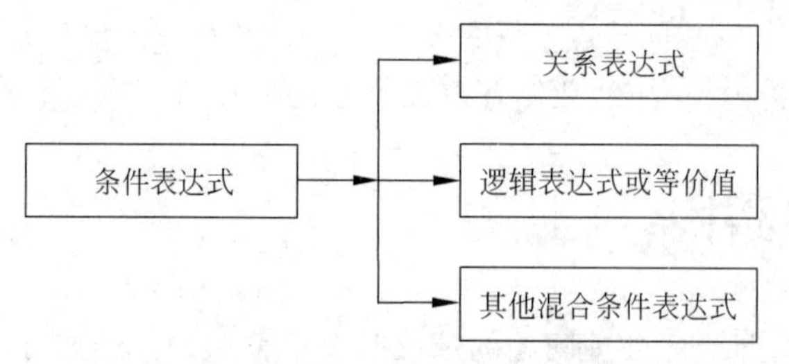

图 4-3 条件表达式的组成

4.3.1 关系表达式

关系表达式是最常见的条件表达式之一。关系运算符用于判断两个操作数的大小关系。Python 语言有 6 个关系运算符，如表 4-1 所示。运用关系运算符连接起来且符合 Python 语法规则的式子称为关系表达式。

表 4-1 关系运算符

运算符	对应的数学运算符	含义	实例	结果
>	>	大于	2>3	False
<	<	小于	0<3	True
>=	≥	大于或等于	5>=0	True
<=	≤	小于或等于	-1<=0	True
==	=	等于	2==3	False
!=	≠	不等于	2!=3	True

注意：

(1) 不要将==误写为=，==表示的是关系运算符，而=是赋值符。

(2) 使用==运算符时，两操作数若为不同数字类型，仍然可以判定为"等于"。

例如：

```
>>> a = 3
>>> c = 3.0
>>> a == c
True
```

(3) Python 语言中，非 0 数值或非空数据类型等价于逻辑真(True)，0 或空类型等价于逻辑假(False)，可以直接用于判断条件；在参与数值运算时，Python 会自动把 True 转换成数字 1，把 False 转换成数字 0。例如：

```
>>> bool(0)
False
>>> bool(123)
True
>>> a = 3
```

```
>>> b = 5
>>> print((a == 3) + (b!= 7)) #因(a == 3)值为 1,(b!= 7)值为 1,求和后的结果为 2
2
```

（4）浮点数运算可能存在误差，无法精确比较是否相等。Python 程序语言的浮点数类型最长可输出 16 位数据，但只能提供 15 位有效精度，最后一位由计算机根据二进制数据计算结果确定，可能存在误差，因为某些小数的二进制形式是无限循环的，只能取近似值。例如：

```
>>> 1.3 - 1 == 0.3
False
>>> 1.3 - 1
0.30000000000000004
>>> 0.1 + 0.05 == 0.15
False
>>> 0.1 + 0.05
0.15000000000000002
```

（5）Python 语言中的关系运算符最大的特点是可以进行链式比较，这非常便于描述复杂条件。

表达式 0<=x<=5 用来表示 $0 \leqslant x \leqslant 5$，相当于表达式 0<=x and x<=5。

表达式 0<y<=5 用来表示 $0 < y \leqslant 5$，相当于表达式 0<y and y<=5。

（6）使用关系运算符的前提是各操作数之间可以比较大小，如数值与数值比较大小，字符串与字符串比较大小。Python 字符串比较大小默认按 Unicode 编码比较，先比较两个字符串的首字母，若首字母相同再比较第 2 个位置的字符。可以通过 ord()内置函数获取参数的 Unicode 编码。Python 不支持字符串与数值比较大小，但可以判断是否相等。例如：

```
>>> "China">"Canada"                #字符串比较大小默认按 Unicode 编码比较
True
>>> "abc"<"ABC"                     #先比较首字母,ord('a')> ord('A')
False
>>> 4.0 == 4
True
>>> a = input()                     #input()函数接收的是文本字符"3"
3
>>> a == 3                          #由于 a 被赋值为字符"3",所以不等于数值 3
False
>>> a > 2                           #由于 a 被赋值为字符"3",所以不能与数值 2 比较大小
Traceback (most recent call last):
  File "<pyshell#5>", line 1, in <module>
    a > 2
TypeError: '>' not supported between instances of 'str' and 'int'
```

4.3.2　逻辑表达式

当需要表示更复杂的条件表达式时，可使用逻辑运算符。在 Python 中，逻辑表达式是由操作数与逻辑运算符构成的，逻辑运算符有 and、or、not，分别表示“与”“或”“非”三种逻辑

运算，类似于集合中的“交集”“并集”“补集”的概念。逻辑运算符如表4-2所示。逻辑运算基本规则如表4-3所示。

表4-2　逻辑运算符

运算符	名　称	含　义	实　例	结　果
and	逻辑与	当and两边表达式的值都为True时，逻辑表达式的值才为True，否则都为False	2>1 and 'a'>'A'	True
			2>3 and 'ab'>'123'	False
or	逻辑或	当or两边表达式的值都为False时，逻辑表达式的值才为False，否则都为True	1>2 or 2>3	False
			1<2 or 2<3	True
not	逻辑非	这是一个单目运算符，当表达式的值为False时，逻辑表达式的值为True；当表达式的值为True时，逻辑表达式的值为False	not 1>2	True
			not 2>1	False

例如：

```
>>> x = 3
>>> y = 5
>>> x > 0 and y > 0
True
>>> x = 3
>>> y = 5
>>> x > y and y > 0
False
>>> x = 3
>>> y = 5
>>> x > y or y > 0
True
>>> not 2 > 3
True
```

表4-3　逻辑运算基本规则

A	B	and	or	not A
True	True	True	True	False
True	False	False	False	False
False	False	False	False	True
False	True	False	True	True

在Python语言中视非0和非空数据为True，0和空为False，所以逻辑运算表达式的值可以为True、False，也可以是其他数据类型。

在用and进行计算时，当两边都是“真”时，表达式的值为右边的值；当两边“一真一假”时，表达式的值为假的值；当两边都为“假”时，表达式的值为左边的值。

在用or进行计算时，当两边都为“真”时，表达式的值为左边的值；当两边“一真一假”时，表达式的值为真的值；当两边都为“假”时，表达式的值为右边的值。例如：

```
>>> 3 and 5
5
>>> 3 and 0
0
```

```
>>> 0 and 5
0
>>> {} and 0
{}
>>> 3 or 5
3
>>> 3 or 0
3
>>> 0 or 5
5
>>> {} or 0
0
```

注意：and 和 or 具有"短路现象"，即在 A and B 式子中，如果 A 的值是 False，那么将不计算 B；同理，在 A or B 式子中，如果 A 的值是 True，那么将不计算 B。

因此，在程序设计时，可以利用"短路现象"提高计算性能。例如，在 and 逻辑表达式中，将表达式为真的小概率(可能性很小)条件放在前面，或者在 or 逻辑表达式中，将表达式为真的大概率(可能性很大)条件放在前面，这样可以免去不必要的计算，从而提高计算性能。

4.3.3　混合条件表达式

由常量、变量、表达式、关系运算符、逻辑运算符等组成的复合表达式称为混合条件表达式。例如，当 a=10，b=2 时，有下面两个混合条件表达式：

```
>>> a = 10
>>> b = 2
>>> not a != b and a > b or b < a
True
>>> a > b and (a + b)<(a - b) or not True
False
```

上面两个是比较简单的混合条件表达式，均是由逻辑运算和关系运算组合起来的条件，在实际程序设计中混合条件表达式的用途非常广泛。例如，要选择出一个班级中性别为女，年龄不超过 22 岁，或者考试总成绩大于或等于 300 的所有人员，可以使用下面的混合条件表达式：

```
>>>(总成绩> = 300) or ( (性别 == "女") and (年龄< = 22) )
```

这个条件表达式使用了圆括号来表明结构和优先级，在程序运行时，混合表达式需要按照运算符的优先级顺序进行运算。运算符的优先级如表 4-4 所示。

表 4-4　运算符的优先级

运算符说明	Python 运算符	优　先　级
圆括号	()	19
索引运算符	x[index] 或 x[index:index2[:index3]]	17,18
属性引用	x. attribute	16
乘方	**	15

续表

运算符说明	Python 运算符	优先级
按位取反	～	14
符号运算符	＋(正号)或－(负号)	13
乘、除	*、/、//、%	12
加、减	＋、－	11
位移	>>	10
按位与	&	9
按位异或	^	8
按位或	|	7
比较运算符	＝＝、!＝、>、>＝、<、<＝	6
is 运算符	is、is not	5
in 运算符	in、not in	4
逻辑非	not	3
逻辑与	and	2
逻辑或	or	1

4.3.4 条件表达式的取值范围

严格来说，条件表达式的值只有 True 和 False 两种逻辑值，但是在 Python 中有一些和 True 或 False 等价的表达式的值，也可以作为判别条件来使用。条件表达式的取值范围如表 4-5 所示。

表 4-5 条件表达式的取值范围

条件表达式值	条件表达式的取值范围(等价值)
True	非(False、0、0.0、0j、空字符串、空列表、空元组、空字典、空 range 对象或其他空迭代对象)
False	False、0、0.0、0j、空字符串、空列表、空元组、空字典、空 range 对象或其他空迭代对象

从这个意义上来讲，所有 Python 合法表达表式都可以作为条件表达式，包括含有函数调用的表达式，例如(下面的例子中 if 后面是条件表达式，只有值为 True 时才执行后面的语句)：

```
>>> if 99:                              #常量作为条件表达式,99 等价于 True
    print("Hello,黑龙江科技大学!")
Hello,黑龙江科技大学!                    #输出结果

>>> if None:                            #None 作为条件表达式
    print("Hello,黑龙江科技大学!")
                                        #None 等价于 False,输出为空

>>> if not None:                        #not None 等价于 True
    print("Hello,黑龙江科技大学!")
Hello,黑龙江科技大学!

>>> if abs(-3):                         # abs()函数作为条件表达式
    print("Hello,黑龙江科技大学!")
Hello,黑龙江科技大学!
```

```
>>> a = [4,3,2,1]                    #使用列表作为条件表达式
>>> if a:
    print(a)
[4, 3, 2, 1]
```

通过上面的例子可以看出，数字 99、abs(−3)和列表[4,3,2,1]等价于 True，所以输出"Hello，黑龙江科技大学！"和[4,3,2,1]；字符串 None 等价于 False，所以输出为空，not None 等价于 True。在实际使用过程中，注意灵活使用条件表达式的等价值，将收获意想不到的结果。

4.4　分支结构

分支结构是程序设计中主要的控制结构之一，分支结构就是在程序执行过程中根据对条件表达式的不同判定结果而执行不同方向的语句块。Python 使用 if 语句来实现分支结构。分支结构包括单分支结构、双分支结构、多分支结构以及分支结构的嵌套。下面分别介绍这几种分支结构的语句格式、结构特点，以及通过实例来说明这些分支结构的实际应用。

4.4.1　单分支结构

在 Python 语言中使用 if 关键字进行条件判断，如果条件表达式的值为真，那么就执行相应的语句序列，这样的程序控制结构称为单分支结构。

Python 使用 if 语句来描述单分支结构，语句格式如下：

```
if 条件表达式:
    语句块
```

若语句块语句较少，也可以将其与条件写在一行，语句格式如下：

```
if 条件表达式: 语句块
```

说明：

(1) if 是保留字，提示后面的语句是选择语句(if 语句)。

(2) 条件表达式可以是关系表达式、逻辑表达式、算术表达式等任意合法的表达式，其最后评价为布尔逻辑值：真(True)或假(False)。

(3) 冒号":"为英文半角冒号，紧跟"条件表达式"后不可缺少，是结构控制符，表示后面是满足条件后执行的语句块。

(4) 语句块缩进不能少，通常缩进 4 个空格。即语句块要比 if 多缩进 4 个字符，缩进格式表示被包含关系。

单分支结构流程图如图 4-4 所示。

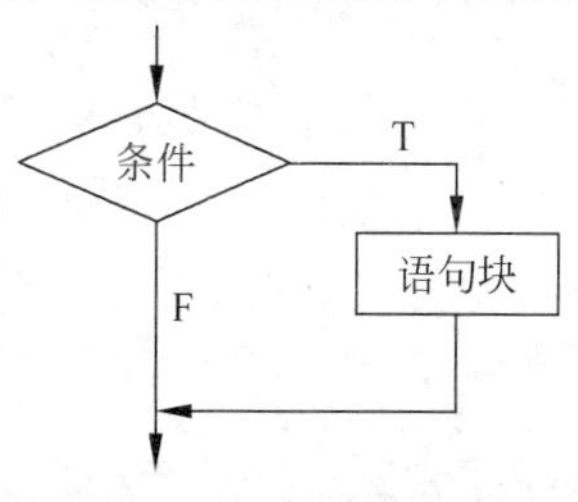

图 4-4　单分支结构流程图

单分支结构(if 语句)的执行过程为：首先判断条件表达式的值是否为真(True)，当条件表达式的值为真(True)或其他等价值时，表示条件满足，执行该语句块；否则不执

行该语句块。

【例 4-2】 从键盘输入一个整数，输出这个数的绝对值。

分析：输入一个数据存入变量 x 中，对 x 进行判断：若 x<0，则将 x 改为 −x。

代码如下：

```
x = eval(input("输入一个整数"))
if x < 0:
    x = - x
print("x 的绝对值为:",x)
```

运行结果 1：

```
==============================
输入一个整数 3
x 的绝对值为: 3
```

运行结果 2：

```
===============================
输入一个整数 - 6
x 的绝对值为: 6
```

【例 4-3】 从键盘输入两个数，输出其中较大的数。

分析：输入两个数 x、y，如果 x<y，则 x=y，输出较大数 x。

代码如下：

```
x = input ("输入一个数 x:")
y = input ("输入一个数 y:")
if x < y:
    x = y
print(f'较大数:{x}')
```

运行结果：

```
===============================
输入一个数 x:100
输入一个数 y:120
较大数:120
```

4.4.2　双分支结构

在 Python 语言中可根据某个条件进行判断，条件成立或不成立时分别执行不同的语句块。这种用于解决当某个条件为真时执行语句块 1 或条件为假时执行语句块 2 的程序控制结构称为双分支结构。Python 使用 if…else 语句来描述双分支结构，语句格式如下：

格式 1：

```
if 条件表达式:
语句块 1
```

```
else:
    语句块 2
或
if 条件表达式: 语句块 1
else: 语句块 2
```

说明：

(1) if 和 else 是保留字，提示后面的语句是选择语句(if 语句和 else 语句)。

(2) if“条件表达式”和 else 关键字后都必须紧跟英文半角冒号“:”。

(3) if 语句块 1 和 else 语句块 2 要比 if 和 else 缩进通常 4 个字符，表示被包含关系。

(4) 当条件为真时执行语句块 1，否则执行语句块 2。语句块 1 和语句块 2 有且仅有一个会被执行。每个语句块可由多行语句构成。

双分支结构也可使用以下的紧密格式进行表达。

格式 2：

```
表达式 1 if 条件 else 表达式 2
```

当条件为真时返回表达式 1 的值，否则返回表达式 2 的值，表达式 1 和表达式 2 也可以是简单语句。

双分支结构流程图如图 4-5 所示。

双分支结构(if…else 语句)的执行过程为：首先判断条件表达式的值是否为真(True)，当条件表达式的值为真或其他等价值时，表示条件满足，执行语句块 1；否则执行语句块 2。

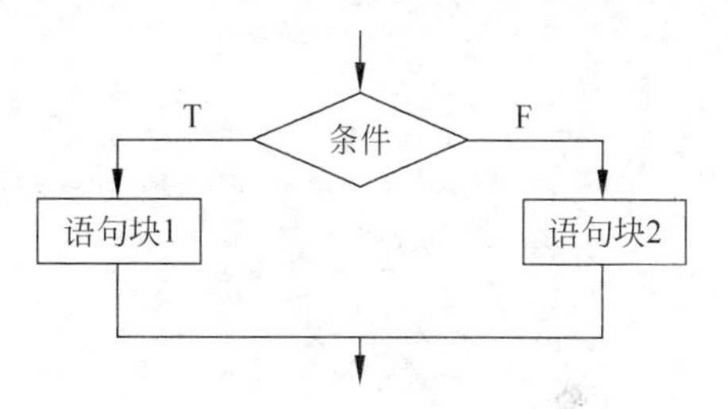

图 4-5　双分支结构流程图

【例 4-4】 从键盘输入 2 个整型数据存入变量 a,b 中，输出较大数。

分析：用 int()函数将 input()函数输入的数据转化成整型数据，然后用双分支结构进行判断，如果 a>=b，则输出 a 的值，否则输出 b 的值。代码如下：

```
a = int(input("请输入第一个数:"))
b = int(input("请输入第二个数:"))
if a >= b:
    print("两个数中的大数为:",a)
else:
    print("两个数中的大数为:",b)
```

运行结果：

```
==============================
请输入第一个数:25
请输入第二个数:18
两个数中的大数为: 25
```

此例也可以用更简洁的双分支表达式的形式，只要把程序中双分支结构改为赋值语句即可。代码如下：

```
a = int(input("请输入第一个数:"))
b = int(input("请输入第二个数:"))
x = a if(a >= b) else b                  # 这里条件表达式加括号
print("两个数中的大数为:",x)
```

运行结果：

```
================================
请输入第一个数: 25
请输入第二个数: 18
两个数中的大数为: 25
```

【例 4-5】 已知三角形的三边长 a、b、c，利用海伦公式求该三角形的面积。

分析：输入三角形的三条边长 a、b、c，如果三条边长符合两边之和大于第三边，构成三角形，则利用海伦公计算并输出三角形面积，否则输出“不能构成三角形”。

代码如下：

```
a = float(input("输入边长 1:"))
b = float(input("输入边长 2:"))
c = float(input("输入边长 3:"))
if a + b > c and b + c > a and c + a > b:
    s = (a + b + c)/2
    area = (s * (s - a) * (s - b) * (s - c)) ** 0.5
    print(f'三角形的面积 = {area:.2f}')
else:
    print("不能构成三角形")
```

运行结果 1：

```
================================
输入边长 1:4
输入边长 2:5
输入边长 3:6
三角形的面积 = 9.92
```

运行结果 2：

```
输入边长 1:3
输入边长 2:2
输入边长 3:5
不能构成三角形
```

4.4.3 多分支结构

在 Python 语言中可应对更加复杂的条件判断，当且仅当多个条件中的某个条件成立时，才执行相对应的语句块，这种程序控制结构称为多分支结构。

Python 使用 if…elif…else 语句来描述多分支结构，语句格式如下：

```
if 条件表达式 1:
语句块 1
```

```
elif 条件表达式 2:
    语句块 2
elif 条件表达式 3:
    语句块 3
…
elif 条件表达式 n:
    语句块 n
else:
    语句块 n + 1
```

说明：

(1) if、elif、else 是保留字，提示后面的语句是选择语句。

(2) elif 是 else if 的简写，表示带条件的 else 语句。

(3) 条件表达式和 else 关键字后都必须紧跟英文半角冒号"："。

(4) 各语句块需要缩进，通常是 4 个字符，表示被包含关系。

(5) 多分支结构可由 n 个条件来决定 $n+1$ 条分支语句块的执行，这 n 个条件是互斥的，当且仅当上一个条件不成立时，才进入 elif 语句判断下一个条件表达式。在仅有一个条件满足的情况下，有且仅有一条分支语句块会被执行，else 语句表示当之前的 n 个条件皆不成立时，则执行最后的语句块 $n+1$。

多分支结构流程图如图 4-6 所示。

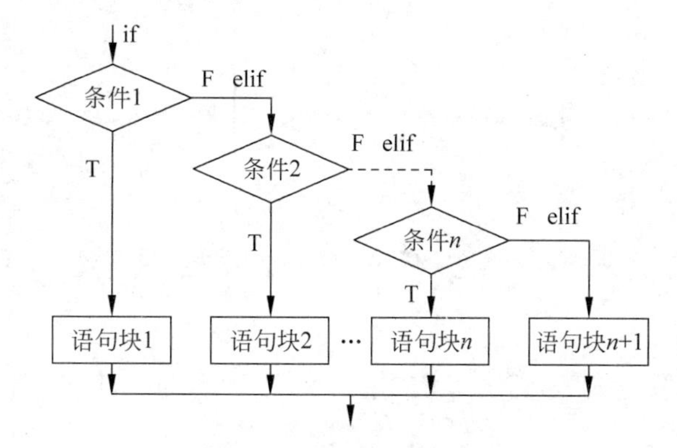

图 4-6 多分支结构流程

多分支结构(if…elif…else 语句)的执行过程为：首先判断 if 条件表达式 1 的值是否为真，当条件表达式 1 的值为真或其他等价值时，则执行语句块 1，执行完毕后结束该多分支结构；否则判断 elif 条件表达式 2 的值是否为真，当条件表达式 2 的值为真或其他等价值时，则执行语句块 2，执行完毕后结束该多分支结构；否则继续依次判断后续条件表达式，直到某个条件表达式的值为真，就执行该条件表达式相对应的语句块，并结束该多分支结构；若前面所有条件表达式的值都为假(False)或其他等价值，则执行 else 语句块 $n+1$。综上所述，多分支结构的各条件互斥，有且仅有一个语句块会被执行。

【例 4-6】 从键盘输入一元二次方程的 3 个系数 a、b 和 c，计算并输出方程 $ax^2+bx+c=0$ 的根。

分析：根据判别式 $\Delta=b^2-4ac$，一元二次方程的根有以下三种情况：

(1) $\Delta=b^2-4ac=0$，方程有两个相等的实根；

(2) $\Delta=b^2-4ac>0$,方程有两个不相等的实根;

(3) $\Delta=b^2-4ac<0$,方程有两个共轭复根。

代码如下:

```
import math
a = float(input("请输入二次项系数 a:"))
b = float(input("请输入一次项系数 b:"))
c = float(input("请输入常数项系数 c:"))
deta = b * b - 4 * a * c
if a == 0 and b == 0:
    print("该方程无解!")
elif a == 0:
    print("该方程的解为:", - c/b)
elif deta == 0:
    print("该方程有两个相等实根:", - b/(2 * a))
elif deta > 0:
    x1 = ( - b + math.sqrt(deta))/(2 * a)
    x2 = ( - b - math.sqrt(deta))/(2 * a)
    print(f'该方程有两个不等实根:x1 = {x1},x2 = {x2}')
else:
    x = - b/(2 * a)
    y = math.sqrt( - deta)/(2 * a)
    print(f'该方程有两个共轭复根:x1 = {x} + {y}i, x2 = {x} - {y}i')
```

运行结果1:

```
=================================
请输入二次项系数 a: 2
请输入一次项系数 b: 3
请输入常数项系数 c: 4
该方程有两个共轭复根: x1 = - 0.75 + 1.1989578808281798i, x2 = - 0.75 - 1.1989578808281798i
```

运行结果2:

```
===================================
请输入二次项系数 a: 2
请输入一次项系数 b: 9
请输入常数项系数 c: 2
该方程有两个不等实根: x1 = - 0.23443556292536272, x2 = - 4.265564437074637
```

4.4.4 分支结构的嵌套

在Python语言中为解决复杂的条件判断,单纯的分支结构很难完成,可以把多种分支结构组合起来使用。这种在一个分支结构中再嵌入一个或多个分支结构的程序控制结构称为分支结构的嵌套。常用的分支嵌套是二重嵌套,嵌套层次太多会使程序可读性大大下降,一般应用中要避免多层嵌套。

下面通过例子展现嵌套分支结构的使用方法。

【例4-7】 输入某年某月,判断并输出该年月的天数。

分析:输入年份和月份,判断月份是大月、小月或2月,若为2月则进一步判断年份是否为闰年。如果大月则输出 31 天,小月则输出 30 天,闰年 2 月则输出 29 天,平年 2 月则输出 28 天。

代码如下：

```
year = int(input("请输入年份:"))
month = int(input("请输入月份(1—12):"))
if month in [1,3,5,7,8,10,12]:
    day = 31
elif month in [4,6,9,11]:
    day = 30
elif month == 2:
    if year % 4 == 0 and year % 100!= 0 or year % 400 == 0:
        day = 29
    else:
        day = 28
else:
    print("月份有误")
if 1 <= month <= 12:
    print(f'{year}年{month}月有{day}天')
```

运行结果 1：

```
================================
请输入年份: 2020
请输入月份(1—12): 2
2020 年 2 月有 29 天
```

运行结果 2：

```
================================
请输入年份: 2021
请输入月份(1—12): 6
2021 年 6 月有 30 天
```

4.5　循环结构

循环结构是指程序能够根据所给判定条件(又称循环条件)是否满足,重复执行一条或多条语句。被重复执行的一条或多条语句称为循环体。

Python 使用 for 语句和 while 语句来实现循环结构,其循环结构根据需要可以使用三种特殊语句：break 语句、continue 语句和 else 语句。

Python 语言中,根据循环体执行次数是否确定,循环语句可以分为确定次数循环和非确定次数循环。确定次数循环是指程序能提前确定循环体执行的次数,适用于遍历或枚举可迭代对象中元素的场合,又称遍历循环,可采用 for 循环语句实现。非确定次数循环是指程序不能提前确定循环体可能执行的次数,是通过循环条件判断是否继续执行循环体,可采用 while 循环语句实现。

4.5.1 for 循环

for 循环是循环次数确定的循环结构。它使用一个循环控制器也称为迭代器来描述循环体重复执行的次数。

for 循环语句格式如下：

```
for 循环变量 in 迭代器:
    循环体语句
```

说明：

(1) for 和 in 是保留字，提示后面的语句是 for 遍历循环语句。

(2) 循环变量是控制循环执行次数的变量，用于存放从迭代器对象中逐一遍历的元素。每次循环，迭代器对象中所遍历的元素放入循环变量，并执行一次循环体，直至遍历完所有元素后循环结束。

(3) 迭代器包括字符串、元组、列表、字典、文件、迭代器对象和生成器等。

(4) 冒号(:)是不可缺少的，为英文半角冒号，表示循环变量满足时要执行的语句。

(5) 循环体语句由单层或多层缩进语句组成。

for 循环结构控制流程图如图 4-7 所示。

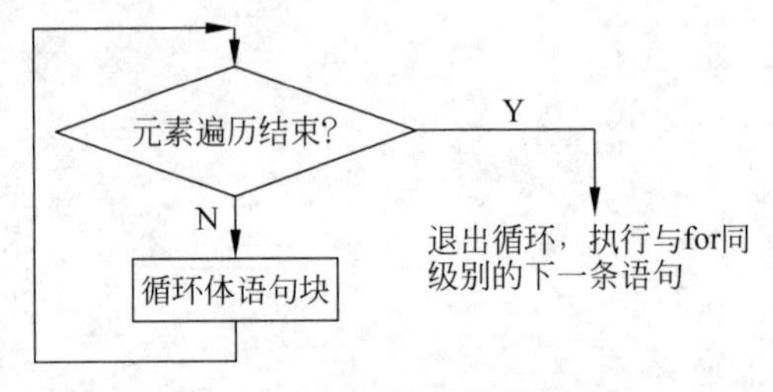

图 4-7 for 循环结构控制流程图

for 循环语句的执行过程为：依次遍历迭代器对象中的每个元素，并对每个元素执行循环体语句，遍历结束后执行 for 语句后面的语句。也就是说，for 语句首先判断迭代器对象是否存在第 1 个元素，若存在，则存放在循环变量中，并执行循环体(通常是对第 1 个元素进行处理)。处理完返回再依次判断迭代器对象是否存在第 2 个元素，直到不存在，退出循环。

迭代器的类型繁多，可以是 range()函数生成的序列、字符串、列表、字典、文件等。下面详细讲解迭代器的几种类型。

1. range()函数做迭代器

range()函数是 Python 语言的一个内置函数，调用这个函数就可以产生一个迭代序列。

range(start,stop[,step])函数的 3 个参数分别表示序列初值、终值、步长。省略步长时，步长默认为 1，各序列元素按 1 递增。但请注意，range()函数设定的 stop 终值是取不到的，当步长为正数时，序列最后一项总是小于终值；当步长为负数时，序列最后一项总是大于终值。该函数有以下几种调用格式。

格式 1：

```
for 循环变量 in range(n):
    循环体语句
```

格式 2：

```
for 循环变量 in range(m,n):
    循环体语句
```

格式 3：

```
for 循环变量 in range(m,n,c):
    循环体语句
```

说明：

(1) range(n)得到的迭代序列为[0,n)，即 0,1,2,…,n−1，当 n<=0 时，序列为空。

```
>>> a,b,c,d,e = range(5)          # 解包赋值，分别给 a,b,c,d,e 变量赋值 0～4 的序列值
>>> print(a,b,c,d,e)
0 1 2 3 4
```

当 range(n)做 for 遍历循环的迭代器时，循环变量就能按顺序被赋值为 0～n−1 的序列值。

```
>>> for x in range(5):            # 共计循环 5 次，循环变量 x 按顺序被赋值为 0,1,2,3,4
      print(x,end = " ")          # 每取一次 x 值，执行一遍 print 语句，输出当前 x 值及空格
0 1 2 3 4
```

(2) range(m,n)得到的迭代序列为[m,n)，即 m,m+1,m+2,…,n−2,n−1，当 m⩾n 时序列为空。

```
>>> a,b,c,d,e = range(2,7)        # 解包赋值，分别给 a,b,c,d,e 变量赋值 2～6 的序列值
>>> print(a,b,c,d,e)
2 3 4 5 6
```

当 range(m,n)做迭代器时，循环变量就按顺序被赋值为 m～n−1 的序列值。

```
>>> for x in range(2,7):          # 共计循环 5 次，循环变量 x 按顺序被赋值为 2,3,4,5,6
      print(x,end = " ")          # 每取一次 x 值，执行一遍 print 语句，输出当前 x 值及空格
2 3 4 5 6
```

(3) range(m,n,d)得到迭代序列为 m,m+d,m+2d,…,m+xd，其中步长(公差)值为 d，当 m<n 且步长 d 为正时，序列递增且 m+xd<n；当 m>n 且步长 d 为负时，序列递减且 m+xd>n，否则将产生空序列。例如：

range(2,10,2)将得到序列 2,4,6,8。

range(13,0,−3)将得到序列 13,10,7,4,1。

range(0,13,−3)和 range(13,0,3)都将得到空序列。

2. 字符串做迭代器

在Python语言中，字符串类型是属于组合数据类型中的序列类型，字符串中的每一个字符就是一个元素，它们可被一个个依序取出，所以字符串可以直接放在for语句中做迭代器。

```
>>> a = "abc123"
>>> for x in a:
        print(x,end = " ")
a b c 1 2 3
```

在上面的遍历循环中，循环变量x依次取出字符串变量a中的各个字符，并执行循环体中的打印输出语句print，每循环一次，就输出当前的x值，末尾添加空格" "，不换行，直到遍历完成为止。

3. 列表做迭代器

在Python语言中，列表类型也属于组合数据类型中的序列类型，列表中的元素依序从左至右按索引号0,1,2,3,…,n进行索引，所以列表也可以放在for语句中做迭代器。

```
>>> for x in ["this","is","an","apple"]:
        print(x,end = " ")
this is an apple
```

4. 字典做迭代器

在Python语言中，字典类型属于组合数据类型，字典也可以放在for语句中做迭代器。字典是无序列，其元素的排列顺序是随机的。

```
>>> for x in {"top":1,"bottom":2,"left":3,"right":4}:
        print("x = " + x)
x = top
x = bottom
x = left
x = right
```

【例4-8】 求1～100中所有的奇数和以及偶数和。

分析：首先，利用range()函数产生1～100的整数序列对象，即range(1,101)。其次，准备两个求和变量odd_sum、even_sum，分别存放奇数和与偶数和，初值均为0。然后，使用for遍历循环100次，循环变量x依序遍历1～100的序列值；循环体执行时，x每次依序取出1～100中的一个值判断其奇偶性，x是偶数则把当前x值累加到even_sum变量，否则把x值累加到odd_sum变量。最后，循环结束后输出奇数和odd_sum、偶数和even_sum的值。

代码如下：

```
odd_sum = 0
even_sum = 0
for x in range(1,101):
```

```
    if x % 2 == 0:
        even_sum = even_sum + x
    else:
        odd_sum = odd_sum + x
print("1～100 中所有的奇数和:",odd_sum)
print("1～100 中所有的偶数和:",even_sum)
```

运行结果：

```
=========================
1～100 中所有的奇数和: 2500
1～100 中所有的偶数和: 2550
```

4.5.2 while 循环

在循环次数具有不确定性的情况下，需要使用 while 条件循环结构。while 语句使用条件表达式来控制循环，当条件为真时，进入循环体执行，直到条件为假结束循环。

while 循环语句格式如下：

```
while 表件表达式:
    循环体语句
```

说明：

(1) while 是保留字，提示后面的语句是 while 循环语句。

(2) 循环条件是一个条件表达式。

(3) 冒号(:)是不可缺少的，为英文半角冒号，表示后面是满足循环条件后要执行的循环体语句。

(4) 循环体语句由单层或多层缩进语句组成。

while 条件循环控制流程图如图 4-8 所示。

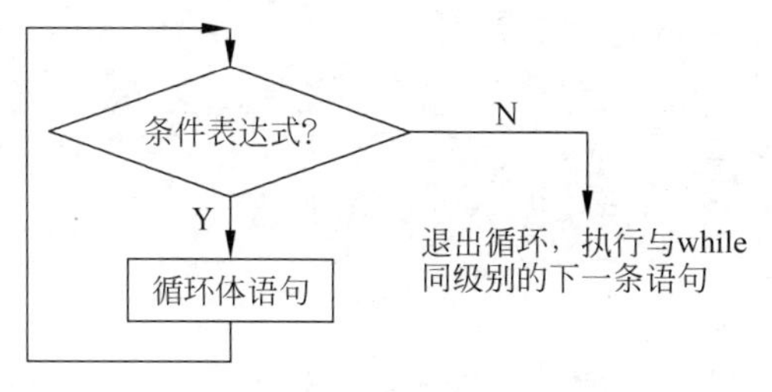

图 4-8 while 条件循环控制流程图

while 循环语句的执行过程为：首先判断循环条件是否成立，若成立，则执行循环体，循环体执行完成后再判断循环条件是否成立，直至循环条件不成立，退出循环后执行 while 语句后面的语句。

【例 4-9】 无穷级数$\frac{4}{1}-\frac{4}{3}+\frac{4}{5}-\frac{4}{7}\cdots$的和可用于计算圆周率，项数越多，精度越高。现要求在 π 与级数和的误差小于 10^{-7} 时停止计算并输出结果。

分析：求多项式的和可以使用循环结构来实现，但此时由于级数的项数未知，即在循环次数未知的情况下，可使用 while 循环结构来实现。代码如下：

```
import math
PI = 0
n = 1
while abs(PI - math.pi)> = 1e - 7:
    PI = PI + ( - 1) ** (n + 1) * 4/(2 * n - 1)
    n = n + 1
print("PI = ",PI)
```

运行结果：

```
===============================
PI =  3.1415927535897814
```

4.5.3 break 与 continue 语句

无论是 for 循环还是 while 循环结构，都是通过头部控制循环的执行，一旦进入循环体就会完整地执行一遍循环体语句，然后再重复。但有时不得不中断循环以减少循环次数，这时可以在循环体语句中使用 break 语句来中断循环，或采用 continue 语句来继续下一次循环。

break 和 continue 是循环结构语句中的两个保留字，用于辅助控制循环执行。break 语句和 continue 语句是 for 循环或 while 循环体中的特殊语句，通常用在选择结构语句中，满足一定条件时执行，从而中断正常的循环控制流程。

1. break 语句

break 语句用于退出 for 循环或 while 循环，即提前结束循环，接着执行循环语句的后续语句。当多个 for 语句、while 语句彼此嵌套时，break 语句只应用于最内层的语句，即 break 语句只能跳出最近的一层循环。

【例 4-10】 单循环中 break 语句应用示例。

```
for ch in "ABCDEFG":
    if ch == "E":
        break                    #字符为E时，退出循环
    print(ch,end = " ")
```

运行结果：

```
================================
A B C D
```

【例 4-11】 嵌套循环中 break 语句应用示例。

```
for ch in "ABCDEFG":
    for n in range(3):
        if ch == "E":
            break                #字符为E时，退出循环
        print(ch,end = " ")
```

运行结果：

```
==============================
A A A B B B C C C D D D F F F G G G
```

2. continue 语句

continue 语句结束本次循环，即跳过循环体内自 continue 语句下面尚未执行的语句，返回到循环语句的起始处，并根据循环条件判断是否执行下一次循环。

【例 4-12】 continue 语句应用示例。

```
for ch in "ABCDEFG":
    if ch == "E":
        continue
    print(ch, end = " ")                    #字符为E时,返回到循环语句的起始处
```

运行结果：

```
==============================
A B C D F G
```

3. continue 语句与 break 语句的区别

continue 语句仅结束本次循环，并返回到循环的起始处，循环条件满足时则开始执行下一次循环。但是，break 语句是结束当前循环，跳转到循环语句的后继语句执行。

4.5.4 else 语句与循环结构

Python 中，for 循环和 while 循环都有一个可选的 else 语句，在循环迭代正常完成之后执行。也就是说，如果是以 break 语句的非正常方式退出循环，则 else 语句将不被执行。

1. for…else 语句

for…else 语句的语法格式：

```
for 循环变量 in 可迭代对象:
    循环体
else:
    语句块
```

2. while…else 语句

while…else 语句的语法格式：

```
while 循环条件:
    循环体
else:
    语句块
```

【例 4-13】 对2～9的整数n进行处理，若n是素数则输出"是素数!"，否则输出它的最小素数因子与另一个数的乘积。

```
for n in range(2,10):
    for x in range(2,n):
        if n % x == 0:
            print(f'{n} = {x} * {n//x}')
            break
    else:
        print(f'{n}是素数!')
```

运行结果：

```
================================
2是素数!
3是素数!
4 = 2 * 2
5是素数!
6 = 2 * 3
7是素数!
8 = 2 * 4
9 = 3 * 3
```

【例 4-14】 实现求n!。

分析：由用户输入整数或浮点数，用分支结构对输入数据进行判断，若输入正整数，则计算n!；若输入n值太大，n! 超过10^{12}则输出"数据太大了!"；若输入非正整数，则输出"输入了非正整数"。采用循环结构来计算n!，进入循环之前给积变量s赋初值1，每循环一次把从1开始逐渐增大的x变量与s相乘，循环n次后打印输出n!。

代码如下：

```
import math
n = eval(input("请输入一个正整数:"))
if n > 0 and math.trunc(n) == n:
    s = 1
    x = 1
    while x <= n:
        s = s * x
        x = x + 1
        if s > 1e12:
            print("数据太大了!")
            break
    else:
        print(str(n) + "! = " + str(s))
else:
    print("输入了非正整数")
```

运行结果1：

```
================================
请输入一个正整数: 3.4
输入了非正整数
```

运行结果 2：

```
================================
请输入一个正整数: 5
5!= 120
```

运行结果 3：

```
================================
请输入一个正整数: 123456
数据太大了!
```

4.5.5　循环的嵌套

循环的嵌套是指一个循环语句的循环体内又包含另一个完整的循环结构。通常，内嵌的循环语句称为内循环，而包含内循环的循环语句称为外循环。内嵌的循环中还可嵌套循环，从而形成多层循环结构。

前面介绍的 for 循环、while 循环都可以嵌套，相同或不同的循环结构之间都可以互相嵌套多层，但每一层的循环在逻辑上必须是完整的。

【例 4-15】　采用嵌套循环打印出九九乘法表。

```
for x in range(1,10):                    #外循环 9 次,变量 x 取值 1～9
    s = ""
    for y in range(1,x + 1):             #内循环变量 y 取值 1～x
        s += f'{x} * {y} = {x * y} '
    print(s)
```

运行结果：

```
================================
1 * 1 = 1
2 * 1 = 2 2 * 2 = 4
3 * 1 = 3 3 * 2 = 6  3 * 3 = 9
4 * 1 = 4 4 * 2 = 8  4 * 3 = 12 4 * 4 = 16
5 * 1 = 5 5 * 2 = 10 5 * 3 = 15 5 * 4 = 20 5 * 5 = 25
6 * 1 = 6 6 * 2 = 12 6 * 3 = 18 6 * 4 = 24 6 * 5 = 30 6 * 6 = 36
7 * 1 = 7 7 * 2 = 14 7 * 3 = 21 7 * 4 = 28 7 * 5 = 35 7 * 6 = 42 7 * 7 = 49
8 * 1 = 8 8 * 2 = 16 8 * 3 = 24 8 * 4 = 32 8 * 5 = 40 8 * 6 = 48 8 * 7 = 56 8 * 8 = 64
9 * 1 = 9 9 * 2 = 18 9 * 3 = 27 9 * 4 = 36 9 * 5 = 45 9 * 6 = 54 9 * 7 = 63 9 * 8 = 72 9 * 9 = 81
```

【例 4-16】　组合同切圆图形的绘制。

分析：将产生 5 个同切圆的代码放入一个循环结构中做循环体，就能重复多次输出一组 5 个同切圆，构造更为复杂的组合同切圆图形。代码如下：

```
from turtle import *                     #引用 turtle 模块
for x in range(4):                       #外循环 4 次,每次产生 1/4 大圆弧线段及一组 5 个小同切圆
    circle(100,90)                       #绘制半径为 100 的 1/4 个圆弧线段
    for radius in range(10,50 + 1,10):          #内循环 5 次绘制一组 5 个小同切圆,半径按 10 递增
        circle(radius)                   #每次内循环绘制一个半径为 radius 的同切圆
done()
```

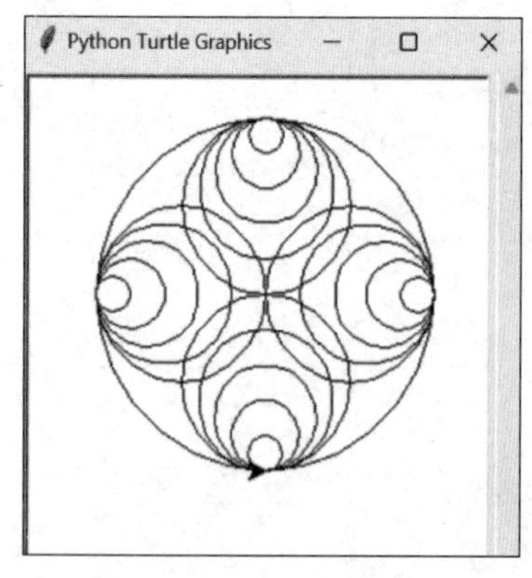

图 4-9　组合同切圆图形

运行结果为组合同切圆图形,如图 4-9 所示。

4.5.6　随机数在循环结构中的应用

现实生活中,随机数被大量应用,如彩票随机生成中奖号码等。随机验证码可有效地防范网络风暴及盗号木马等;在生产中使用随机抽样进行产品检测,可提高效率。在信息通信中常常用随机数发生器来仿真类似于噪声信号的效果,以及在物理世界中遇到的其他随机理象。随机数有真随机数、准随机数和伪随机数 3 种,这里讨论的主要是用数学方法产生的伪随机数,因为如果该方法已知,则随机数构成的集合就会有重复数据。常用方法有斐波那契法、线性同余法等。随机数还可应用在仿真系统中,当需要生成各种分布的伪随机数以满足各种工程应用时,Python 内置的 random 模块可派上用场。random 模块产生的随机数之所以称为伪随机数,因其是可被操控的,不能应用于安全加密。如果需要的是一个真正的密码安全随机数,可以使用 os.urandom()方法或者 random 模块中的 SystemRandom 类来实现。

下面几个示例展示了随机数与循环结构相结合的应用。

【例 4-17】　生成 3 组 4 位小写字母的随机验证码。

分析:给字符串 s 赋初值为 a～z 的小写字母,采用双循环结构,外循环 3 次,用于生成 3 组验证码;内循环 4 次,每循环一次随机得到字符串 s 中的一位小写字母,共计 4 位字母验证码。关于随机字母的产生,可以引用 random 模块中的 randint()函数生成 0～25 的随机索引号,通过该索引号对字符串 s 索引产生一个随机字母;也可以直接用 random 模块中 choice()函数产生一个随机字母。

参考代码 1:

```
#使用 randint()函数生成随机索引号,对字符串索引
from random import *
s = "abcdefghijklmnopqrstuvwxyz"
for y in range(3):                  #外循环 3 次,产生 3 组验证码
    str1 = ""                       #字符变量 str1 赋初值为空串
    for x in range(4):              #内循环 4 次,每次得到一个字母,构成 4 个字母的一组验证码
        num = randint(0,25)         #生成[0,25]的随机整数索引号
        str1 += s[num]              #对字符串 s 索引取出一个字母并连接到 str1
    print(str1)                     #外循环中打印输出一组验证码
```

运行结果:

```
============================
mjtj
ojrc
yxxx
```

另外,还可以使用 choice()函数实现生成一个随机字母。

参考代码 2：

```
#使用 choice()函数在字符串中随机选择字母
from random import *
s = "abcdefghijklmnopqrstuvwxyz"
for y in range(3):                #外循环 3 次,产生 3 组验证码
    str1 = ""                     #字符变量赋初值为空串
    for x in range(4):            #内循环 4 次,每次得到一个字母,构成 4 个字母的一组验证码
        str1 += choice(s)         #对字符串 s 索引取出一个字母并连接到 str1
    print(str1)                   #外循环中打印输出一组验证码
```

运行结果：

```
==============================
dqwp
luyw
mdlv
```

【例 4-18】 幸运 7 游戏。赌场中有一种"幸运 7"游戏,规则是玩家掷两枚骰子,如果其点数和为 7,玩家就赢 4 元；否则,玩家就输 1 元。请分析一下玩家赢的概率。

分析：使用计算机模拟掷骰子的过程,测算两个骰子点数之和为 7 的概率。分别使用两个变量 num1 和 num2 来接收[1,6]的随机整数值,求和后判断是否为 7。若等于 7 则记录下来,给计数器变量 count 增 1,总计循环 10000 次,模拟投掷 10000 次的行为,看 count/10000 的比值。可以增加一层外循环,循环 10 次,观察比值的区间范围。代码如下：

```
from random import *
for x in range(10):
    count = 0
    for i in range(10000):
        num1 = randint(1,6)
        num2 = randint(1,6)
        if num1 + num2 == 7:
            count = count + 1
    print(count/10000,end = " ")
```

运行结果：

```
================================
0.1655 0.1701 0.1727 0.1709 0.1626 0.1635 0.168 0.1645 0.1635 0.1698
```

【例 4-19】 幸运 7 游戏进阶。假设玩家一开始有 10 元,全部输掉时游戏结束。设计程序来模拟一下玩家参与游戏的过程。

分析：设 money 变量初值为 10,并赋值给 max 变量记录。当 money > 0 时进入 while 循环；当两次取[1,6]的随机值之和等于 7 时,money 增为 4 元,若该值超过最大值 max 就记录下来；否则 money 减去 1 元,输出当前 money 值后进行下一次循环,直到 money <=0 退出循环,输出最大值 max。

代码如下：

```
from random import *
money = 10
max = money
while money > 0:
    num1 = randint(1,6)
    num2 = randint(1,6)
    if num1 + num2 == 7:
        money = money + 4
        if money > max:
            max = money
    else:
        money = money - 1
    print(money, end = " ")
print("\nmax = ", max)
```

运行结果 1：

```
==========================
14 13 12 11 10 9 8 12 11 10 9 13 12 11 10 14 13 12 11 10 9 8 7 6 5 4 3 2 1 5 4 3 2 1 0
max =  14
```

运行结果 2：

```
===============================
9 13 12 11 10 9 8 7 6 5 4 8 7 6 5 9 8 7 11 10 9 13 12 11 10 9 8 12 11 10 9 8 7 11 10 9 8 7 6 5 4 3 7 6
5 4 3 2 1 0
max =  13
```

运行结果 3：

```
===============================
9 8 7 6 5 4 3 2 1 0
max =  10
```

从运行结果可以看出，游戏规定，赢了得 4 元，输了赔 1 元。在赢率只有 17%左右的情况下，最终输钱的概率很大。所以，不要高估自己的幸运值及对贪欲的控制力。

4.5.7 循环结构程序应用

【例 4-20】 输出打印 $1\times2+2\times3+3\times4+\cdots+99\times100$ 的值。

分析：求和算式 $1\times2+2\times3+3\times4+\cdots+99\times100$ 中包括 99 个数相加，其中第 n 个数是 $n\times(n+1)$。

代码如下：

```
sum = 0
n = 1
while n <= 99:
    sum += n * (n + 1)
```

```
    n = n + 1
print("1 × 2 + 2 × 3 + 3 × 4 + … + 99 × 100 = ", sum)
```

运行结果：

```
================================
1 × 2 + 2 × 3 + 3 × 4 + … + 99 × 100 =  333300
```

【例 4-21】 输入一个二进制整数，将其转换成十进制数并打印输出。

分析：二进制数转换为十进制数是按权值展开求和。二进制整数转换为十进制整数，从最后一位开始算，依次为第 0 位、第 1 位、第 2 位等，位权依次为 2 的 0 次方、2 的 1 次方、2 的 2 次方等。二进制整数第 n 位的权值就是第 n 位数(0 或 1)乘以 2 的 n 次方。

例如，二进制整数 1110 转化成十进制数：$(1110)_2 = 0\times2^0 + 1\times2^1 + 1\times2^2 + 1\times2^3 = (14)_{10}$

代码如下：

```
numb = input("请输入一个二进制整数 n:")
print("内置函数转换结果:", int(numb, 2))
numd = 0
for x in range(0, len(numb)):
    if numb[x] == "1":
        numd = numd + 2 ** (len(numb) - x - 1)
print("编写程序转换结果:", numd)
```

运行结果：

```
================================
请输入一个二进制整数 n:1110
内置函数转换结果: 14
编写程序转换结果: 14
```

【例 4-22】 输入正整数 n(3≤n<1000)，计算有多少对素数的和等于输入的这个正整数，并输出结果。输入值小于 1000。例如，输入为 10，则共有(5,5)和(3,7)两对素数的和为 10，输出结果为 2。

分析：首先计算出 3～n 内所有素数，然后找到符合条件的素数对。代码如下：

```
n = int(input("请输入正整数 n(3 <= n < 1000):"))
slist = []
for m in range(3, n):
    x = 2
    for x in range(2, m):
        if m % x == 0:
            break
    else:
        slist.append(m)
count = 0
for x in slist:
    for y in slist:
        if n == x + y and x <= y:
```

```
            print(f'{x,y}',end = " ")
            count += 1
print(f'{count}')
```

运行结果：

```
================================
请输入正整数 n(3 <= n < 1000):100
(3, 97) (11, 89) (17, 83) (29, 71) (41, 59) (47, 53) 6
```

【例 4-23】 求 a 和 b 的最大公约数。

分析 1：使用枚举法进行遍历循环，先判断 a 和 b 谁的值比较少，将该值赋给变量 min_ab，循环变量 i 取值 1,2,3,…,min_ab，用 a 和 b 分别除以循环变量 i，循环终止前最后能被 a 和 b 整除的那个数就是最大公约数。

参考代码 1：

```
a = int(input("输入数值 a:"))
b = int(input("输入数值 b:"))
min_ab = a if a < b else b
for i in range(1,min_ab + 1):
    if a % i == 0 and b % i == 0:
        gys = i
print(f'{a}和{b}的最大公约数为:{gys}')
```

运行结果：

```
================================
输入数值 a: 8
输入数值 b: 12
8 和 12 的最大公约数为: 4
```

分析 2：本例还可以从 a 和 b 之间比较小的那个数 min_ab 开始除，除数逐渐递减，第一个被 a 和 b 整除的除数就是最大公约数。

参考代码 2：

```
a = int(input("输入数值 a:"))
b = int(input("输入数值 b:"))
min_ab = a if a < b else b
for i in range(min_ab,0, - 1):
    if a % i == 0 and b % i == 0:
        gys = i
        print(f'{a}和{b}的最大公约数为:{gys}')
        break
```

运行结果：

```
================================
输入数值 a: 12
输入数值 b: 20
12 和 20 的最大公约数为: 4
```

可以看出，参考代码1和参考代码2这两种方法所需循环次数都很多，且比较费时。

分析3：本例可采用短除法的方式，寻找到两数的公约数，每找到一个就相乘，所有公约数的积就为最大公约数。这里需要使用循环嵌套。

参考代码3：

```
a = int(input("输入数值 a:"))
b = int(input("输入数值 b:"))
gys = 1
for x in range(2,a + 1):
    while a % x == 0 and b % x == 0:
        gys = gys * x
        a = a//x
        b = b//x
print(f'最大公约数为:{gys}')
```

运行结果：

```
================================
输入数值 a: 18
输入数值 b: 36
最大公约数为: 18
```

可以看出，参考代码3的方法采用的程序控制结构较为复杂，语句行数达到9行。

分析4：本例还可采用辗转相除法，又名欧几里得算法求最大公约数。两个正整数a和b(a>b)，它们的最大公约数等于a除以b的余数c与b之间的最大公约数，即用较大数除以较小的数，再用出现的余数(第1余数)去除除数，再用出现的余数(第2余数)去除第1余数，如此反复，直到最后余数为0时停止。那么最后的除数就是这两个数的最大公约数。

参考代码4：

```
a = int(input("输入数值 a:"))
b = int(input("输入数值 b:"))
while b > 0:
    a,b = b,a % b
print(f'最大公约数为:{a}')
```

运行结果：

```
================================
输入数值 a: 18
输入数值 b: 36
最大公约数为: 18
```

可以看出，参考代码4采用的方法循环次数较少，语句行数较少。

分析5：在Python中，还可直接调用math模块中的gcd()函数，采用顺序结构求解。

参考代码5：

```
from math import gcd
a = int(input("输入数值 a:"))
b = int(input("输入数值 b:"))
```

```
gys = gcd(a,b)
print(f'{a}和{b}的最大公约数为: {gys}')
```

运行结果：

```
===============================
输入数值 a: 18
输入数值 b: 36
18 和 36 的最大公约数为: 18
```

可以看出，参考代码 5 采用的控制结构简单，语句行数较少。

通过该例说明，已知的多种控制结构均能达成各种语句功能，可以灵活选用控制结构来搭建程序，找到最为简洁而快速的问题求解方法。与此同时，可以看出 Python 语言最大的优势是开源，现有的大量第三方库和标准库将帮助用户解决看起来棘手的问题，用户完全可以安装、引用合适的模块，去繁就简地迅速解决问题。

下面例题以循环结构为基础，分别列出了元组、列表、字典以及集体的应用实例。

【例 4-24】 请绘制 10 个大小、位置、颜色均随机的圆，但圆的颜色只能是红色、绿色、蓝色或黄色。

分析：需绘图并取随机数，绘图需用 turtle 模块，取随机数需用 random 模块。颜色种类是固定的，表明需把颜色存放在元组中，一个圆只能选其中一种颜色，可通过对元组中的元素随机索引的方式去设置线条和填充色。画 10 个圆可通过循环来实现，因循环次数确定，所以采用 for 循环。

代码如下：

```
import turtle as t
import random as r
t.setup(800,600)
tcolor = ("red","green","blue","yellow")
t.speed(10)
for i in range(10):
    t.up()
    t.goto(r.randint(-300,300),r.randint(-200,200))
    t.color(tcolor[r.randint(0,3)])
    t.begin_fill()
    t.down()
    t.circle(r.randint(20,60))
    t.end_fill()
t.done()
```

运行结果如图 4-10 所示。

【例 4-25】 根据输入的小组数和名单随机分组，并输出分好的小组名单。

分析：输入的小组数和名称用 input()函数接收，随机需用 random 模块。各小组名单可用一个列表存放，此列表中的元素就是各个小组名单，小组名单也是列表。先创建一个空列表，此空列表的元素也是空列表，元素个数是小组个数；再对输入的名单遍历，依次把每个名字随机添加到列表的各个元素中实现分组；最后小组名单用 print()函数实现输出。

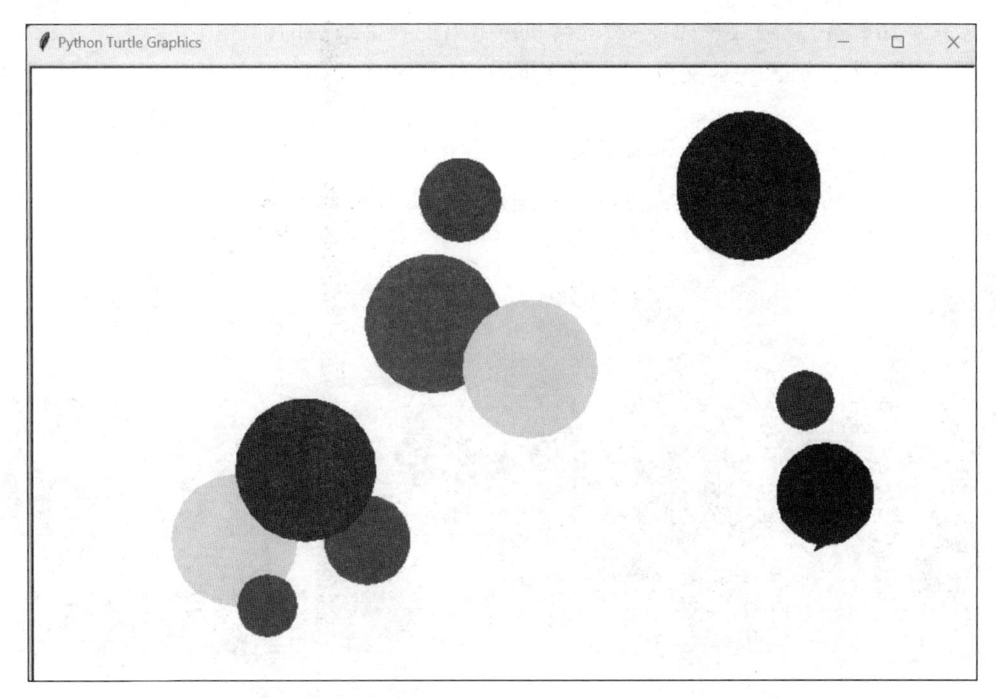

图 4-10　例 4-24 运行结果

代码如下：

```
import random as r
n = int(input("请输入分组的个数:"))
s = input("输入名单(各个名字之间用空格隔开):")
names = s.split()
fname = []
for i in range(n):
    fname.append(list())
for name in names:
    x = r.randint(0,n - 1)
    fname[x].append(name)
    i = 1
for t in fname:
    print(f"第{i}组的人数为{len(t)}:",end = " ")
    i += 1
    for name in t:
        print(name,end = " ")
    print()
```

运行结果：

```
==================================
请输入分组的个数: 4
输入名单(各个名字之间用空格隔开):赵一 钱二 孙三 李四 周五 吴六 郑七 冯八 陈九 王十
第 1 组的人数为 3: 吴六 冯八 王十
第 2 组的人数为 3: 赵一 周五 陈九
第 3 组的人数为 2: 孙三 郑七
第 4 组的人数为 2: 钱二 李四
```

【例 4-26】 任意输入一段英文,统计并输出出现频率最高的前 3 个单词。

分析:首先将输入的英文分成一个一个的单词,实现分词的方法是先把标点符号替换成空格,然后使用字符串的 split()方法按空格分词;接着通过构造字典的方式实现单词个数统计,字典中单词为键,个数为值;然后把字典中键值对转成列表进行排列;最后输出出现频率最高的 3 个单词。英文标点可用标准库 string 模块的 punctuation 常量表示。代码如下:

```
import string
s = input("请任意输入一段英文:")
for i in string.punctuation:
    s = s.replace(i,' ')
words = s.split()
num = {}
for i in words:
    num[i] = num.get(i,0) + 1
ls = list(num.items())
ls.sort(key = lambda a:a[1],reverse = True)
for i in range(3):
    print(f"{ls[i][0]}:{ls[i][1]}")
```

运行结果:

```
================================
请任意输入一段英文:Beautiful is better than ugly. Explicit is better than implicit. Simple is
better than complex. Complex is better than complicated.
is:4
better:4
than:4
```

【例 4-27】 任意输入一段英文,统计文中有多少个不同的英文单词。

分析:可以用集合来实现进行关系测试和消除重复元素的作用。首先对输入的英文分词,实现分词的方法是字符串的 split()方法;接着将列表转换成集合去重;最后输出不同的英文单词个数。代码如下:

```
import string
s = input("请任意输入一段英文:")
x = s
for i in string.punctuation:
    x = x.replace(i,' ')
j = set(x.split())
print(f"{s}中的不同单词个数是{len(j)}")
```

运行结果:

```
================================
请任意输入一段英文:Beautiful is better than ugly. Explicit is better than implicit. Simple is
better than complex. Complex is better than complicated.
Beautiful is better than ugly. Explicit is better than implicit. Simple is better than complex.
Complex is better than complicated. 中的不同单词个数是: 11
```

本章习题

一、填空题

1. 程序设计过程应当包括分析问题、________、________、________和编写文档等不同阶段。

2. 程序流程图的基本元素包括起止框、________、________、输入/输出框、流程线和连接点等。

3. 根据程序中语句执行的顺序，Python 程序控制结构包括顺序结构、________和________三种。

4. 从狭义上说，条件表达式的值只有两个：True 和________。

5. 常用的关系运算符共有 6 个，分别为>、<、>=________、________、!=

6. Python 使用 if 语句来实现分支结构。分支结构包括________、________、________以及分支结构的嵌套。

7. Python 循环结构包括________和________两种循环语句。

8. Python 循环结构根据需要可以使用三种特殊语句：________、________和 else 语句。

二、判断题

1. 分支结构和循环结构需要通过判断条件表达式的值来确定下一步的执行路径（或流程）。（　　）

2. break 语句可以直接跳出双重循环。（　　）

3. 当作为条件表达式时，整数 0 或者浮点数 0.0 等、空值 None、空列表、空元组、空字符串等都与 False 等价。（　　）

4. 在 Python 中，逻辑运算符有 and、or、not。（　　）

5. 在 Python 中，有 3 种循环结构，分别是 for 循环、while 循环和 do 循环。（　　）

6. break 语句用于退出 for 循环或 while 循环，即提前结束循环，接着执行循环语句的后续语句。（　　）

7. continue 语句仅结束本次循环，并返回到循环的起始处，循环条件满足时则开始执行下一次循环。（　　）

三、程序阅读题

1. 下面程序的执行结果是________。

```
n = 100
if(n):print(True)
else:print(False)
```

2. 下面程序的执行结果是________。

```
s = 0
for n in range(1,101):
    s += n
else:
    print(100)
```

3. 下面程序的执行结果是________。

```
s = 0
for n in range(1,101):
    s += n
    if n == 50:
        print(n)
        break
else:
    print(100)
```

4. 下面程序的执行结果是________。

```
for ch in "ABCDEFG":
    if ch == "E":
        continue
    print(ch,end = "")
```

5. 下面程序的执行结果是________。

```
for n in range(5,10,2):
    for x in range(2,n):
        if n % x == 0:
            print(f"{n} = {x} * {n//x}")
            break
    else:
        print(f"{n} = {1} * {n}")
```

6. 下面程序的执行结果是________。

```
n = 10
while n > 0:
    if n % 6 == 0:
        break
    print(n ** 2,end = " ")
    n = n - 1
```

四、程序设计题

1. 计算满足条件 sum=1+2+3+…+n>1000 的最小的 n 和 sum 的值。

2. 生成一个包含 100 个随机整数的列表,然后删除其中所有的偶数。

3. 打印输出由 1,2,3,4 这 4 个数字组成的所有三位素数,且每个素数中每个数字最多出现一次。

4. 输入一个十进制整数,将其转换成二进制数并打印输出。

5. 输入两个正整数,打印输出这两个整数的最大公约数和最小公倍数。

第5章

函数与模块

CHAPTER 5

本章学习目标

- 掌握函数的定义、使用和函数的返回值。
- 掌握 lambda 表达式及其使用方法。
- 理解函数的参数传递、变量的作用域。
- 理解函数的递归及其使用方法。
- 了解模块、包及程序的模块化。

函数是一段可以重复使用的代码段，用来独立地完成某个功能，它可以接收用户传递的数据，也可以不接收。接收用户数据的函数在定义时要指明参数，不接收用户数据的不需要指明，由此可以将函数分为有参函数和无参函数。将代码段封装成函数的过程叫作函数定义。本章主要介绍函数定义与调用、参数传递、参数类型、变量作用域、递归函数、函数应用、模块与包等内容。掌握这些内容，可以把一些完成特定功能的模块编写成自定义函数，然后通过调用这些函数来完成相应功能，提高编程效率。

5.1 函数定义与调用

函数是实现模块化程序设计的基本构成单位。在 Python 中，函数分为内置函数、标准库函数、第三方提供的函数和自定义函数等 4 类。

(1) 内置函数，这类函数在程序中可以直接使用，内置函数运行速度快，建议程序设计时应尽量使用，所有内置函数可以在 IDLE 环境中使用 dir()函数来查看。

(2) 标准库函数，这类标准库函数非常庞大，Windows 版本的 Python 安装程序通常包含整个标准库，所以不需要单独安装，使用前用 import 命令导入相应模块即可使用。常用的标准库有 math 库、random 库、os 库和 datetime 库等。

(3) 第三方提供的函数，第三方为 Python 提供了很多扩展库，这些库中的函数或模块在使用前需要下载安装，正确安装之后才可以使用。

(4) 自定义函数，在程序设计过程中，用户可以将一些常用计算定义为函数，一旦定义该函数对象后，就可以反复调用，既提高了软件复用的效率，又提高了代码的质量。Python 本身就是函数式编程，在程序设计过程中建议多使用自定义函数。

5.1.1 函数定义

在 Python 中，函数要先定义后使用。定义一个函数要使用 def 语句，依次写出函数名、一对圆括号、圆括号中的参数以及冒号；然后，在缩进块中编写函数体，函数返回值用 return 语句返回。

函数定义的语法格式：

```
def 函数名(参数 1,参数 2,…):
    函数体语句块
    [return[表达式 1[,表达式 2[, …]]]]
```

说明：

(1) def 为定义函数的关键字，不可缺少。

(2) “[]”表示该项为可选项。

(3) 函数名为符合命名规则的标识符，由用户自定义。

(4) 函数名后紧跟一对圆括号“()”，其中可以有若干个参数，参数间用“,”分隔；也可以没有参数。这里的参数称为形式参数，简称为形参。

(5) 冒号“:”表示函数体的开始，不可缺少。这里为英文半角冒号。

(6) 函数体中的语句要缩进，通常是 4 个字符。注意缩进要一致，即左对齐。

(7) return 语句为可选项，其作用是：函数执行到 return 语句时，停止本函数的执行，并返回到调用程序；其中的表达式也可以是具体值。在 Python 中，一条 return 语句可以同时返回 0 到多个值。

【例 5-1】 自定义一个 fib(n)函数，生成并打印输出斐波那契数列前 n 项。

分析：斐波那契数列(Fibonacci Sequence)又称黄金分割数列，是数学家列昂纳多·斐波那契(Leonardoda Fibonacci)以兔子繁殖为例而引入的，故又称为“兔子数列”，指的是数列 1、1、2、3、5、8、13、21、34、55、89、144、……，即前两项都是 1，从第三项开始，每一项都等于前两项之和。

数学上递推定义：F(1)＝1，F(2)＝1，F(n)＝F(n－1)＋F(n－2)(n≥3)。

代码如下：

```
def fib(n):
    a,b = 1,1
    print(a,b,end = " ")
    for m in range(3,n + 1):
        a,b = b,a + b
        print(b,end = " ")
```

5.1.2 函数调用

当在任务中每次需要完成某一步的功能时，如果已有该功能函数的定义，则只需调用一次对应的函数即可。

函数调用的语法格式：

```
函数名(实参 1,实参 2, … )
```

说明：

(1) 函数名是已经定义的函数名。

(2) 圆括号中是参数列表，可以有若干个参数，用逗号分隔，也可以没有参数。这里的参数称为实际参数，简称为实参。

下面的例子是对已经定义过的 myinput()函数的调用。

```
>>> def myinput():
...     num = input("请输入一个整数:")
...     print(f'您输入的数是:{num}')
>>> myinput()
请输入一个整数: 5
您输入的数是: 5
```

要先对 myinput()函数进行定义，才能对其进行调用。该程序的执行过程为：首先执行函数调用语句 myinput()，然后转到 myinput()函数的定义处开始执行函数体语句，获取输入并输出；函数体语句执行完成后，本次函数调用结束，回到函数调用语句处：myinput()，程序运行结束。函数定义用来说明函数的参数、功能及返回值，如果函数没有被调用，函数就不会被执行。

【例 5-2】 定义一个函数，计算 1～100 所有整数的和并输出结果。

分析：按题目要求，通过函数来计算 1 到 100 的整数和，运用函数定义、调用的相关知识即可实现。代码如下：

```
def calSum():                    # 函数定义
    start = 1
    end = 100
```

```
    sum = 0
    while start <= end:
        sum += start
        start += 1
    print(f'1 + 2 + … + 100 = {sum}')
calSum()                        # 函数调用语句,调用 calSum()函数
```

运行结果：

```
================================
1 + 2 + … + 100 = 5050
```

凡是需要计算 1～100 的整数和并输出结果的地方都可以调用 calSum()函数，可达到一次定义、多次使用的目的。程序首先执行第 9 行的函数调用语句，转而执行第 1 行开始的函数体语句，第 8 行执行完后，函数调用过程结束，回到第 9 行结束程序运行。

5.1.3　函数返回值

在程序中，一个函数结束运行前，要返回一个值给调用程序，调用程序根据被调用函数的返回值作出相应的处理。

Python 中，函数的返回值是通过 return 语句完成的。

格式：

```
return[表达式 1[,表达式 2[, … ]]]
```

说明：

(1) "[]"表示该项为可选项。

(2) 使用 return 语句结束当前函数的执行，返回到调用程序。

(3) 在一条 return 语句中可返回 0 到多个值给调用程序。

(4) 一个函数中若无 return 语句，则无返回值，函数结果为 None。

(5) 一个函数中若有 return 语句，且有返回值的表达式，则有返回值，函数结果就是表达式的值。

(6) 一个函数中若有 return 语句，但无表达式，则无返回值，函数结果为 None。

函数返回值有以下两种常用用法。

1. return 结束函数执行

此种用法常用于函数需要在某个位置结束执行，但不需要返回数据给调用程序时。例如：

```
>>> def f2():
...     a = 1
...     b = 2
...     print(f'{a} * {b} = {a * b}')
...     return                        # 此处结束函数执行,返回
```

```
...     print(f'{a} * {b} = {a * b}')        # 该语句不会得到执行
>>> f2()
1 * 2 = 2
```

2. return 结束函数执行并返回值

在函数需要将值返回给调用程序的地方使用此种方式，调用程序可以用一个变量接收该返回值，这是较为常用的一种返回方式。例如：

```
>>> def f3():
...     a = 1
...     b = 2
...     ret = a * b
...     return ret                  # 函数定义结束
>>> res = f3()                      # 调用 f3()函数，变量 res 用于接收 f3()函数的返回值
>>> print(res)                      # 输出 res 的值
2
```

【例 5-3】 定义一个函数，计算 1～100 的和，将计算结果返回。

分析：例题要求通过函数返回计算结果，要使用 return 语句将 1～100 的和返回。

代码如下：

```
def getSum():
    start = 1
    end = 100
    sum = 0
    while start <= end:
        sum += start
        start += 1
    return sum                          # 循环结束，返回 sum 的值
res = getSum()                          # 调用 getSum()函数，res 接收函数返回值
print(f'1 + 2 + … + 100 = {res}')       # 输出 res 的值
```

运行结果：

```
================================
1 + 2 + … + 100 = 5050
```

5.1.4　匿名函数

在 Python 中，不仅可以定义普通的函数，即用 def 关键字定义的函数，也可以定义匿名函数。所谓匿名函数，就是没有函数名称的函数。

Python 中的匿名函数是通过 lambda 表达式实现的，常用来表示内部仅包含 1 行表达式的函数。当函数比较简单时，可以使用 lambda 表达式进行简洁表示，以便提高程序的性能。

格式：

```
lambda 参数列表:表达式
```

说明：

（1）匿名函数没有函数名称。

（2）使用 lambda 关键字创建匿名函数。

（3）匿名函数冒号后面的表达式有且只有一个。

（4）匿名函数自带 return 语句，而 return 语句返回的结果就是表达式的计算结果。

例如，用如下普通函数实现的功能：

```
def f(x,y):                        #定义 f()函数,有 x 和 y 两个参数
    z = x * y                      #计算 x * y 的结果
    return z                       #返回计算结果
```

可以用匿名函数实现，具体如下：

```
>>> lambda x,y:x * y               #x、y 部分对应参数列表,冒号后 x * y 为表达式,即返回值
```

相比普通函数而言，匿名函数借助 lambda 表达式实现，可以省去定义函数的过程，使代码更加简洁。同时，对于不需要多次复用的函数，使用 lambda 表达式可以在用完之后立即释放，提高程序执行的性能。在使用匿名函数时，可以把 lambda 表达式赋给一个变量，此变量是一个函数对象，相当于匿名函数指定了一个函数名。例如：

```
>>> s = lambda x,y:x * y           #lambda 表达式赋给变量 s,s 是一个函数对象
>>> s(2,3)                         #通过变量 s 调用匿名函数获取结果
6
```

在使用匿名函数时，允许使用默认值参数和可变长度参数。例如：

```
>>> b = lambda x,y = 2:x + y       #参数 y 的默认值为 2
>>> b(1)
3
>>> b(1,3)
4
>>> b = lambda  * z:z              #参数 z 为可变长度参数
>>> b(10,'test')
(10, 'test')
```

【例 5-4】 用匿名函数实现对传入的参数求平方。

分析：通过 lambda 表达式实现对匿名函数求平方的功能，调用匿名函数时输入待计算的数据，使用 print()函数输出结果。代码如下：

```
f = lambda x:x ** 2
print(f(5))
```

运行结果：

```
================================
25
```

5.1.5 嵌套函数

Python 支持嵌套函数。嵌套函数是指函数内定义了另外一个函数,内层函数不能被外部直接使用,只能在外层定义它的函数中使用,否则会抛出异常。

内层函数可以访问外层函数中定义的变量,但不能重新赋值。

嵌套函数示例 1 :

```
>>> def func1():
...     def func2():
...         print("this is func2")
...     return func2          # 调用 func1()函数将 func2()函数对象返回给调用者
>>> res = func1()             # 调用 func1()函数,返回了 func2()函数的返回对象,res = func2
>>> res()                     # 调用的就是 func2()函数
this is func2                 # 打印结果
```

嵌套函数示例 2:

```
>>> def fdemo1(x,y):
...     def fdemo2(z):
...         return x + y * z
...     return fdemo2         # 调用 fdemo1()函数将 fdemo2()函数对象返回给调用者
>>> abc = fdemo1(10,20)       # 调用 fdemo1()函数,返回了 fdemo2()函数的返回对象,abc = fdemo2
>>> abc(30)                   # 调用的就是 fdemo2()函数
610
```

5.2 参数传递

5.2.1 形式参数和实际参数

定义函数时所声明的参数,即为形式参数,简称为形参。调用函数时,提供函数所需参数的实际值,即为实际参数,简称为实参。

函数定义时圆括号内为若干个用逗号分隔的形参。一个函数可以没有形参,但是圆括号必须保留,表示该函数是无参函数,不接受参数。

函数调用时向形参传递对应的实参,也就是将实参的值或引用传递给对应的形参。实参值默认按位置顺序依次传递给形参。如果实参个数不对,会产生错误。

函数定义时表明的形式参数,等同于函数体中的局部变量,在函数体中的任何位置都可以使用。局部变量和形式参数变量的区别在于,局部变量在函数体中绑定到某个对象;而形式参数变量则绑定到函数调用代码传递的对应实际参数对象。

Python 参数传递方法是传递对象引用,而不是传递对象的值。传递对象引用又可分为传递不可变对象的引用和传递可变对象的引用。

5.2.2 传递不可变对象的引用

函数调用时,如果传递的是不可变对象(例如数字型、字符串、元组等),且函数体中修改不可变对象值,其实质是创建一个新的不可变对象。

【例 5-5】 传递不可变对象的引用示例。

```
x = 100
y = 200
def abc(m,n):
    m += n
    n += m
    return n
y = abc(x,y)
print(x,y)
```

运行结果:

```
================================
100 500
```

本示例中,x 的初始值为 100,y 的初始值为 200;调用 abc(x,y)函数后,在函数体内执行"x+=200",函数体内 x 的值为 300,执行"y+=300"后,函数体内 y 的值为 500,并返回函数值 500;abc(x,y)函数调用结束后,不可变对象 x 的值仍为 100;不可变对象 y 被重新赋值为 500,等价于新建一个不可变对象 y。

5.2.3 传递可变对象的引用

函数调用时,如果传递的是可变对象(例如列表、集合、字典等)的引用,则函数体中可以直接修改可变对象的值。

【例 5-6】 传递可变对象的引用示例。

```
list1 = [1,2,3,4,5,6]
def exchange(lst,m,n):
    lst[m],lst[n] = lst[n],lst[m]
exchange(list1,2,4)
print(list1)
```

运行结果:

```
================================
[1, 2, 5, 4, 3, 6]
```

函数调用时,如果传递给函数的是可变序列,并且在函数内部使用下标或可变序列自身的方法增加、删除元素或修改元素时,修改后的结果是可以反映到函数之外的,实参也得到相应的修改。

5.2.4　序列解包参数传递

函数调用时，若为多个形参传递参数时，可以使用 Python 元组、列表、集合、字典等可迭代对象作为实参，并在实参前加一个星号，Python 解释器自动将其解包，然后传递给多个形参。字典对象作为实参时，默认使用字典的“键”；如果需要使用字典中“键-值”作为参数，则需要使用字典 item()方法；如果需要使用字典中“值”作为参数，则需要使用字典 values()方法。

【例 5-7】 序列解包参数传递示例。

```
def fdemo(x,y,z):print(x,y,z);print(x + y + z)
list1 = [1,2,3]
fdemo( * list1)4
dict1 = {"x":"AA","y":"BB","z":"CC"}
fdemo( * dict1)7
fdemo( * dict1.values())9
fdemo( * dict1.items())
```

运行结果：

```
================================
1 2 3
6
x y z
xyz
AA BB CC
AABBCC
('x', 'AA') ('y', 'BB') ('z', 'CC')
('x', 'AA', 'y', 'BB', 'z', 'CC')
```

5.3　参数类型

Python 中，函数参数可以分为位置参数、关键参数、默认参数、可变参数等。

Python 在函数定义时不需要指定形参的类型，其类型是由函数调用传递的实参类型以及 Python 解释器的理解和推断来决定的，类似于函数重载。

Python 函数定义时也不需要指定函数的数据类型，其类型由函数中的 return 语句来决定，如果没有 return 语句或 return 语句没有得到执行，则认为返回空值 None。

5.3.1　位置参数

位置参数是指函数调用时，实参默认按位置顺序传递形参。位置参数是较常用的参数类型，调用函数时实参和形参的顺序必须严格一致，并且实参与形参的数量必须相同。其格式如下：

```
函数定义: def 函数名(形参 1,形参 2, … ,形参 n):
函数调用: 函数名(实参 1,实参 2, … ,实参 n)
```

说明：

(1) 要求函数调用时实参个数要与形参个数相同。

(2) 对应参数的顺序要一致。要传递给形参1的实参只能放在实参1的位置，要传递给形参2的实参只能放在实参2的位置，以此类推。

【例 5-8】 位置参数示例。

```
def fdemo(x,y,z):
    print(x,y,z)
fdemo(1,2,3)
fdemo("66","55","44")
```

运行结果：

```
================================
1 2 3
66 55 44
```

调用 fdemo(1,2)函数和 fdemo(1,2,3,4)函数都会显示出错信息。

5.3.2 关键参数

在 Python 中，解释器可以根据参数名找到传递过来的参数值，函数调用时按形参的名字传递实参，即为关键参数。使用关键参数可以更灵活地传递参数，不要求实参与形参的顺序一致。其格式如下：

```
函数定义: def 函数名(形参 1,形参 2, …,形参 n):
函数调用: 函数名(形参 1 = 实参 1,形参 2 = 实参 2, …,形参 n = 实参 n)
```

说明：

(1) 关键参数传递参数时，要求实参个数与形参个数一致。

(2) 通过形参名指定要为哪个形参传递值。

(3) 通过关键参数，实参顺序可以和形参顺序不一致，但不影响传递结果，避免用户需要牢记位置参数顺序的麻烦。

【例 5-9】 关键参数示例。

```
def fdemo(x,y,z):
    print(x,y,z)
fdemo(x = 3,z = 5,y = 4)
fdemo(z = "AA",x = "BB",y = 123)
```

运行结果：

```
================================
3 4 5
BB 123 AA
```

5.3.3 默认参数

默认参数是指函数定义时为形参设置默认值。

带有默认参数的函数定义语法格式：

```
def 函数名(形参 1[ = 默认值 1],形参 2[ = 默认值 2]…,形参 n[ = 默认值 n]):
    函数体
```

说明：

(1) “[]”表示该项为可选项。

(2) 在形参处给出默认值。

(3) 形参默认值的设置应当遵循由后向前的顺序设置。即默认参数必须出现在函数参数列表的最右端，且任何一个默认参数右边不能有非默认参数。

例如，deffdemo(x=3,y,z=10)和 def fdemo(x=3,y)都会导致函数定义失败。

(4) 调用带有默认参数的函数时，可以不给默认参数传递实参。若是没有传递实参，则使用定义时的默认值；若是传递了实参，则使用传递的实参值。

【例 5-10】 默认参数示例。

```
def fdemo(x,y,z = 10):
    print(x,y,z)
fdemo(1,2)
fdemo(1,2,3)
```

运行结果：

```
================================
1 2 10
1 2 3
```

【例 5-11】 设计一个函数，能够计算任意给出的两个整数 s 和 e(s<=e)之间(包括 s 和 e)所有整数之和。如果未给出第 1 个整数 s，则使用默认值 1；如果未给出第 2 个整数 e，则使用默认值 100。

分析：函数需要两个参数，并且均需要指定默认值，最后函数返回两个参数之间的所有整数之和。代码如下：

```
def sum_default(s = 1,e = 100):          #给形参 s 设置默认值为 1,形参 e 设置默认值为 100
    sum = 0                              #sum 变量初始化为 0
    while s <= e:                        #while 循环及其循环条件 s <= e
        sum += s                         #sum 的值加上循环变量 s 的当前值
        s += 1                           #s 的值加 1,为下一次循环做准备
    return sum                           #返回 sum 的值,即从 s 到 e 的总和
st = 2
ed = 101
#调用函数,未给出实参,则参数分别使用默认值 1 和 100
res = sum_default()                      #变量 res 接收函数返回值
print(res)
#调用函数,将实参 st 的值 2 传递给形参 s,实参 ed 的值 101 传递给形参 e
```

```
res = sum_default(st,ed)              # 变量 res 接收函数返回值
print(f"{st} + {st + 1} + … + {ed} = {res}")
```

运行结果：

```
================================
5050
2 + 3 + … + 101 = 5150
```

5.3.4 可变参数

可变参数是指函数定义时标识带星(*)的参数,从而函数调用时允许向函数传递可变数量的实参。

带有可变参数的函数定义语法格式：

```
def 函数名([形参 1,形参 2,…,] * 形参 n):
```

说明：

(1)“[]”表示该项为可选项。

(2)声明一个参数为可变参数需要在变量名前用“*”表示。

(3)可变参数可以看成系统根据实参个数自动生成一个元组。

(4)可变参数只能是参数列表中最后一个参数。

可变参数主要包括以下两种形式。

(1) *parameter：接收多个实参并存放在一个元组中。

(2) **parameter：接收多个关键参数并存放到一个字典中。

【例 5-12】 可变参数示例。

```
>>> def fdemo( * p):
...     print(p)
>>> fdemo(1,2,3)
(1, 2, 3)

>>> def fdemo( ** p):
...     print(p)
>>> fdemo(x = 1,y = 2,z = 3)
{'x': 1, 'y': 2, 'z': 3}

>>> def fdemo(m,n = "AA", * p, ** q):
...     print(m,n)
...     print(p)
...     print(q)
>>> fdemo("AA","BB",11,22,33,x = "11",y = "22",z = "33")
AA BB
(11, 22, 33)
{'x': '11', 'y': '22', 'z': '33'}
```

注意：调用函数时如果对可迭代对象实参使用一个星号(*)进行序列解包，则这些解包后的实参将被作为普通位置参数对待，并且在关键参数和使用两个星号(**)可变参数进行序列解包的参数之前进行处理。

5.4　变量作用域

Python 中，一个变量除了数据类型和取值外，还有一个重要的属性就是其作用域。所谓变量作用域，就是变量的有效范围，即变量可以使用的范围。

5.4.1　Python 作用域

Python 作用域一共包括 4 种：局部作用域、嵌套父级函数的局部作用域、全局作用域、内置作用域。

(1) 局部作用域：作用于函数定义所在范围。

(2) 嵌套父级函数的局部作用域：作用于嵌套的父级函数定义所在范围，即作用于包含此函数的上级函数定义所在范围，是一种局部作用域。内层函数引用外层函数的变量，形成闭包。

(3) 全局作用域：作用于函数定义所在模块范围。

(4) 内置作用域：作用于 Python 内置模块范围。

在作用域中搜索变量的优先级顺序为：局部作用域>嵌套父级函数的局部作用域>全局作用域>内置作用域。

一个变量在函数外部定义和在函数内部定义，其作用域是不同的。函数定义中，变量按其作用域，可分为全局变量和局部变量两种。

局部变量的引用比全局变量速度快，应优先考虑使用。

5.4.2　局部变量

局部变量是指在函数内部定义的变量(包括形参)，其有效范围(作用域)为函数体(函数内部)。当函数执行结束后，局部变量自动删除，不可以再使用。

【例 5-13】 局部变量示例。

```
>>> def fdemo(x,y):                   #定义函数,形参 x 和 y 是局部变量
...     z = x + y                     #z 是函数内部局部变量
...     print(x,y,z)
...     print(locals())
>>> fdemo(100,200)                    #调用函数
100 200 300
{'x': 100, 'y': 200, 'z': 300}
>>> x                                 #x 是 fdemo()函数中的局部变量,函数执行结束后自动删除
NameError: name 'x' is not defined
```

5.4.3　全局变量

全局变量是指模块在函数定义之外声明的变量，可在全局作用域中使用，即在模块中所

有函数定义外使用。

如果在一个函数中定义的局部变量(包括形参)与全局变量重名,则局部变量优先,即函数中定义的变量是指局部变量,而不是全局变量。

【例 5-14】 全局变量示例。

```
>>> z = 100                          #z是全局变量
>>> def fdemo(x,y):                  #定义函数,形参x和y是局部变量
...     z = x + y                    #z是同名的局部变量
...     print(x,y,z)

>>> fdemo(200,300)                   #调用函数
200 300 500                          #优先返回局部变量值

>>> z                                #函数调用结束,z为全局变量
100                                  #返回全局变量值
```

5.4.4 全局语句 global

如果想要在函数内部给一个定义在函数外的变量赋值,那么这个变量就不能是局部的,其作用域必须为全局的,能够同时作用于函数外,称为全局变量,可以通过 global 来定义。

global 是 Python 中的一个保留字,用来显式声明一个变量为全局变量。

global 定义全局变量时,可分为以下两种情况。

(1) 一个变量已在函数外定义,如果在函数内需要为这个变量赋值,并要将这个赋值结果反映到函数外,可以在函数内用 global 声明这个变量,将其声明为全局变量。

(2) 一个变量在函数外没有声明,在函数内部直接将一个变量声明为全局变量,该函数执行后,将增加为新的全局变量。

【例 5-15】 全局语句 global 示例。

```
>>> def fdemo(x,y):                  #定义函数
...     global z                     #显式定义z为全局变量
...     z = x + y
...     print(x,y,z)
>>> fdemo(200,300)                   #调用函数
200 300 500
>>> z                                #z为全局变量
500
```

5.4.5 非局部语句 nonlocal

在函数体中,可以定义嵌套函数。在嵌套函数中,如果要为定义在上级函数整体的局部变量赋值,可使用 nonlocal 语句,表明变量不是所在块的局部变量,而是在上级函数体中定义的局部变量。nonlocal 语句可以指定多个非局部变量。例如,nonlocalx,y,z。

【例 5-16】 非局部语句 nonlocal 示例。

```
>>> def outf():                      #定义outf()函数
...     s = 100                      #s是outf()函数的局部变量
```

```
...     print(s)
...     def inf():          #定义 inf()函数
...         nonlocal s      #显式定义 s 为非 inf()函数局部变量,是上级 outf()函数定义的局部变量
...         s = 200
...         print(s)
...     inf()
...     print(s)
>>> outf()                  #调用 outf()函数
100
200
200
>>> s                       #s 是 outf()函数的局部变量,函数执行结束后自动删除
NameError: name 's' is not defined
```

5.5　递归函数

函数内部可以调用其他函数,如果一个函数在内部调用自身,则该函数是递归函数。

5.5.1　递归函数的定义

递归函数即自调用函数,在函数体内部直接或间接地自己调用自己,即函数的嵌套调用是函数本身。

【例 5-17】 计算 n!的递归函数。

分析:正整数的阶乘(factorial)是所有小于和等于该数的正整数的乘积。自然数 n 的阶乘写作 n!,$n!=1\times2\times3\times\cdots\times n$。阶乘的递归定义:$0!=1$,$n!=(n-1)!\times n$。代码如下:

```
def factorial(n):                        #函数定义
    if n == 0:
        return 1
    return factorial(n - 1) * n
for x in range(10):
    print(x,"! = ",factorial(x))         #调用函数
```

运行结果:

```
================================
0 ! = 1
1 ! = 1
2 ! = 2
3 ! = 6
4 ! = 24
5 ! = 120
6 ! = 720
7 ! = 5040
8 ! = 40320
9 ! = 362880
```

5.5.2 递归函数的原理

递归函数执行过程中将反复调用其自身，每调用一次就进入新的一层。因此，递归函数必须有结束条件，当函数在一直递推，直到遇到墙后返回，这个墙就是结束条件。

递归函数包括两个要素：终止条件与递推关系。

(1) 终止条件。终止条件用于结束递归，返回函数值。例 5－17 中 factorial()函数的终止条件是 n==0。缺少终止条件的递归函数，将会导致无限递归函数调用，其最终结果是系统会耗尽内存，抛出 RecursionError。

【例 5-18】 对于用户输入的字符串 s，输出反转后的字符串。

```
def reverse(s):
    return reverse(s[1:]) + s[0]
print(reverse("ABC"))
```

运行结果：

```
================================
Traceback (most recent call last):
  File "E:/python 程序/例 5 - 18.py", line 3, in <module>
    print(reverse("ABC"))
  File "E:/python 程序/例 5 - 18.py", line 2, in reverse
    return reverse(s[1:]) + s[0]
  File "E:/python 程序/例 5 - 18.py", line 2, in reverse
    return reverse(s[1:]) + s[0]
  File "E:/python 程序/例 5 - 18.py", line 2, in reverse
    return reverse(s[1:]) + s[0]
  [Previous line repeated 1022 more times]
RecursionError: maximum recursion depth exceeded
```

错误表明该函数没有终止条件，递归层数超过了系统允许的最大深度。该函数体的完善代码如下：

```
def reverse(s):
    if s == "":
        return s
    else:
        return reverse(s[1:]) + s[0]
print(reverse("ABC"))
```

运行结果：

```
================================
CBA
```

在 Python 中递归的层数默认限制在 1000 层，虽然可以将递归的层数修改得大一些，但是建议在程序中不要使用太深的递归层数。

(2) 递推关系。相邻两次递归步骤之间有紧密的联系，前一次要为后一次做准备，也就是将第 n 步的参数值的函数与第 n－1 步的参数值的函数关联。而且每次进入更深一层递归时，问题规模相比上次递归都应有所减少，保证收敛。否则，也会导致无限递归函数调用。

递归调用的执行过程分为递推过程和回归过程两部分。这两个过程由递归终止条件控制，即逐层递推，直至递归条件终止，然后逐层回归。递归调用同普通的函数调用一样利用了先进后出的栈结构来实现。每次调用时，在栈中分配内存单元保存返回地址以及参数和局部变量；而与普通的函数调用不同的是，由于递推的过程是一个逐层调用的过程，因此存在一个逐层连续的参数入栈过程，调用过程每调用一次自身，把当前参数压栈，每次调用时都首先判断递归终止条件。直到达到递归终止条件为止；接着回归过程不断从栈中弹出当前的参数，直到栈空返回到初始调用处为止。

例如，递归调用3!的执行过程，如图5-1所示。

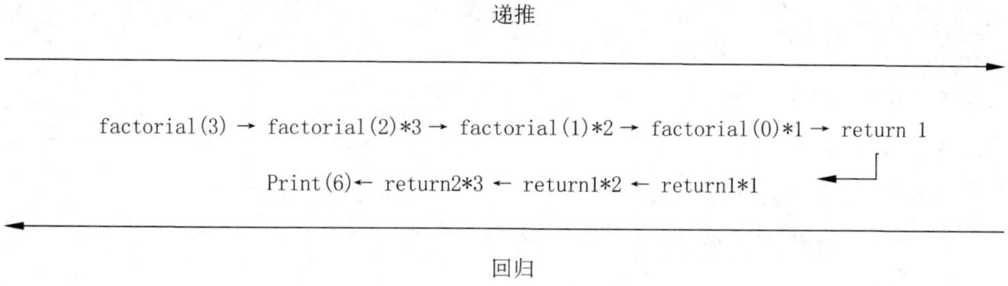

递推

factorial(3) → factorial(2)*3 → factorial(1)*2 → factorial(0)*1 → return 1

Print(6)← return2*3 ← return1*2 ← return1*1

回归

图5-1　递归调用3!的执行过程

5.5.3　递归函数实例

【例5-19】　计算最大公约数的递归函数。

分析：最大公约数是指两个或多个整数共有约数中的最大数，又称最大公因、最大公因子。a和b的最大公约数记为gcd(a,b)，a、b和c的最大公约数记为gcd(a,b,c)，多个整数的最大公约数也有同样的记号。最大公约数有多种求解方法，常见的包括辗转相除法、质因数分解法、短除法和更相减损法。其中，辗转相除法又称欧几里得算法，主要依赖于定理：gcd(a,b)=gcd(b,a mod b)。

计算最大公约数的递归函数：

(1) 终止条件：当b=0时，gcd(a,b)=a。

(2) 递推关系：gcd(b,a%b)。

代码如下：

```
def gcd(x,y):
    if y == 0: return x
    return gcd(y,x % y)
```

运行结果：

```
================================
gcd(36,60)
12
```

【例5-20】　实现汉诺塔的递归函数。

分析：汉诺塔问题源于印度一个古老传说的益智玩具。该问题描述的是一张桌面上有三个柱子 X、Y 和 Z。X 柱子上套有 64 个大小不等的圆盘，大的在下，小的在上。汉诺塔问题示意图如图 5-2 所示。

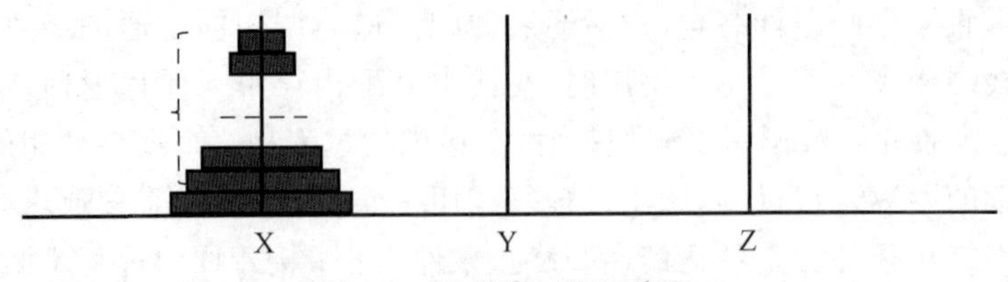

图 5-2 汉诺塔问题示意图

汉诺塔问题要求把这 64 个圆盘从 X 柱移动到 Z 柱上，每次只能移动一个圆盘，移动可以借助 Y 柱进行。但在任何时候，任何柱上的圆盘都必须保持大盘在下，小盘在上的特点。

实现汉诺塔的递归函数：

(1) 终止条件：当 n==1 时，ht(n,x,y,z)=ht(1,x,y,z)。如果起始柱 X 只有一个圆盘，则可以直接将其移动到目标柱 Z 上。

(2) 递推关系：ht(n,x,y,z)可以分解成 ht(n−1,x,z,y)、ht(1,x,y,z)和 ht(n−1,y,x,z)三个步骤。

代码如下：

```
def ht(n,x,y,z):
    if n==1:
        print(x,"==>",z)
    else:
        ht(n-1,x,z,y)
        ht(1,x,y,z)
        ht(n-1,y,x,z)
n=int(input("请输入汉诺塔的圆盘数:"))
ht(n,"X","Y","Z")
```

运行结果：

```
================================
请输入汉诺塔的圆盘数: 3
X ==> Z
X ==> Y
Z ==> Y
X ==> Z
Y ==> X
Y ==> Z
X ==> Z
```

5.6 函数应用

【例 5-21】 定义一个函数，能够接收任意多个实数，并能返回一个元组，其中第一个元素为所有参数的平均值，其他元素为所有参数中大于平均值的实数。

```
def fdemo( * para):
    avg = sum(para)/len(para)
    tavg = [n for n in para if n > avg]
    return(avg,) + tuple(tavg)
print(fdemo(10,20,30,40,50))
```

运行结果：

```
================================
(30.0, 40, 50)
```

【例 5-22】 定义一个函数，能够接收字符串参数，返回一个列表，其中第一个元素为大写字母个数，第二个元素为小写字母个数，第三个元素是数字个数。

```
def fdemo(str1):
    result = [0,0,0]
    for ch in str1:
        if "A"<= ch <= "Z":
            result[0] += 1
        elif "a"<= ch <= "z":
            result[1] += 1
        elif ch.isdigit():
            result[2] += 1
    return result
print(fdemo("ABCDabcde123456"))
```

运行结果：

```
================================
[4, 5, 6]
```

【例 5-23】 定义一个函数，能够接收包含 15 个整数的列表 list1 和一个整数 n 作为参数。处理规则：列表 list1 中下标 n 之前的元素逆序打印输出；下标 n 及其之后的元素逆序打印输出；整个列表 list1 中的所有元素再逆序返回。

```
def fdemo(list1,n):
    x = list1[:n]
    x.reverse()
    print(x)
    y = list1[n:]
    y.reverse()
    print(y)
    z = list1
    z.reverse()
    return z
list2 = list(range(1,16))
print(fdemo(list2,6))
```

运行结果：

```
================================
[6, 5, 4, 3, 2, 1]
```

```
[15, 14, 13, 12, 11, 10, 9, 8, 7]
[15, 14, 13, 12, 11, 10, 9, 8, 7, 6, 5, 4, 3, 2, 1]
```

【例 5-24】 定义一个函数，能够接收整数参数 n，返回斐波那契数列中大于 n 的第一个数前的数列，以及斐波那契数列中大于 n 的第一个数。

```
def fdemo(n):
    a,b = 1,1
    print(a,b,end = " ")
    while b <= n:
        a,b = b,a + b
        print(b,end = " ")
    else:
        return b
print(fdemo(50))
```

运行结果：

```
==================================
1 1 2 3 5 8 13 21 34 55 55
```

【例 5-25】 定义一个函数，能够接收整数参数 n，判断 n 是否为素数。

```
import math
def isprime(n):
    if n == 1: return(str(n) + "非素数!")
    for x in range(2,int(math.sqrt(n)) + 1):
        if n % x == 0: return(str(n) + "非素数!")
    return(str(n) + "是素数!")
print(isprime(17))
print(isprime(27))
```

运行结果：

```
==================================
17 是素数!
27 非素数!
```

【例 5-26】 定义一个函数，能够接收一个大于 2 的正偶数为参数，输出两个素数，并且这两个素数之和等于原来的正偶数(哥德巴赫猜想)。如果存在多组符合条件的素数，则全部输出。

```
import math
def isprime(n):
    m = int(math.sqrt(n)) + 1
    for x in range(2,m):
        if n % x == 0:
            return False
    return True
def gt(n):
```

```
    if isinstance(n,int) and n>2 and n%2==0:
        for x in range(3,int(n/2)+1):
            if x%2==1 and isprime(x) and isprime(n-x):
                print(n,"=",x,"+",n-x)
gt(100)
```

运行结果：

```
================================
100 = 3 + 97
100 = 11 + 89
100 = 17 + 83
100 = 29 + 71
100 = 41 + 59
100 = 47 + 53
```

5.7　模块与包

当编写的程序中类和函数较多时，就需要对它们进行有效的组织，在 Python 中，模块和包都是组织的方式。复杂度较低时可以使用模块进行管理，复杂度高时还要使用包进行管理。

5.7.1　模块的概念

模块就是一个包含 Python 定义和域名的脚本文件(.py)，通过这个文件把一组相关的函数、类或代码组织到一个文件中，实现代码复用。

1. 模块的分类

Python 中，模块被看成一个独立的文件存在，其存在的目的是被其他程序或者解释器调用。模块一般可以分为以下几种：

(1) 内置模块，如之前调用过的 time、math 等模块，都是 Python 语言开发者为大家内置的一些模块，完成一些简单的功能。

(2) 第三方模块，这部分模块需要通过额外安装才能够调用。如通过 pip 或者 conda 进行安装的模块。

(3) 自定义模块，有时为了完成特定的任务，但又没有现有的内置模块或第三方模块，只能自行编写模块完成任务，这一类模块就是自定义模块。这里需要注意，编写自定义模块应当和内置模块以及第三方模块命名不冲突，否则可能会造成麻烦。

2. 使用模块的优点

模块就像是大家搭建积木城堡时的每一小块积木。一个大型的程序就是由一个个模块组成的，在编写大型程序时使用模块有以下优点。

(1) 极大程度上提高代码的可维护性。

(2) 模块可以被复用,也就是一个模块编写完成后,其他程序可以直接调用,无须再次编写,减少代码书写量,符合程序设计规范。

(3) 使用模块可有效地避免变量名的重复,因为在不同模块中可以使用相同的名字进行编程,但是它们之间不会相互干扰。

3. 命名空间

讲到模块,就需要提到"命名空间"(namespace)这个概念。在Python中有三类命名空间——局部命名空间、全局命名空间和内置命名空间。解释器在运行时,会为每一个模块新建立一个命名空间,相当于给每个模块提供一间屋子,因此在这个屋子中,函数和变量的命名互相不受影响,同样在不同的模块中也可以有相同名称的变量和函数;在不同的函数中也可以有相同的变量。

当在函数内部声明一个变量时,解释器会将这个变量放到局部变量的命名空间中去;当在模块中声明一个变量时,解释器会将这个变量放入全局变量的命名空间中去。其嵌套关系是:全局变量的命名空间包含着局部变量的命名空间。因此,就会出现,在函数中可以使用函数中定义的局部变量,同时也可以使用模块中定义的全局变量。但是在全局变量的命名空间是无法使用函数内部定义的局部变量的。

解释器寻找程序中所需要的变量过程:解释器依次查找三个命名空间,由局部变量的命名空间开始查找,再到全局变量的命名空间,最后到内置变量的命名空间。当解释器找到所需变量后,就会停止查找。如果在任何一个命名空间中都没有查找到,解释器将会报出错误。

5.7.2 模块的导入

想要使用模块,就要先导入模块。在Python中,模块的导入方式有使用import导入和使用from…import…导入两种。

1. 使用import导入模块

语法格式1:

```
import 模块1,模块2,…
```

语法格式2:

```
import 模块1 as 别名
```

说明:可一次导入一个模块,也可一次导入多个模块。

```
>>> import random                    #导入一个模块
>>> import time,pygame               #导入多个模块
>>> import random as rd              #导入random模块并以rd作为别名
```

模块导入之后便可以通过"模块名.函数名"的方式使用模块中的功能。下面以random模块为例说明模块的导入与使用。

```
>>> import random                      # 导入 random 模块
>>> random.randint(10,20)
13
>>> import random as rd                # 别名方式使用
>>> rd.randint(10,20)                  # 产生指定范围内的随机数
15
>>> rd.seed(10)                        # 指定随机数种子 10
>>> rd.randint(1,100)                  # 产生指定范围内的随机数
74
>>> rd.randint(1,100)
5
>>> rd.randint(1,100)
55
>>> rd.seed(10)                        # 再次指定随机数种子 10,用于产生可重复的随机数序列
>>> rd.randint(1,100)
74
>>> rd.randint(1,100)
5
>>> rd.randint(1,100)
55
```

2. 使用 form…import…导入模块

语法格式：

```
from 模块名 import 函数
```

说明：使用 form…import…方式导入模块之后，无须添加前缀，即可像使用当前程序中的函数一样使用模块中的内容。form…import…也支持一次导入多个函数、类、变量等，函数与函数之间使用逗号隔开。

例如，导入 random 模块中的 randint 函数和 uniform 函数后便可直接使用。

```
>>> from random import randint,uniform
>>> uniform(10,20)
14.825616745508558
```

利用通配符 * 可使用 form…import…导入模块中的全部函数。例如，导入 random 模块中的全部函数，并直接使用 randint 函数。

```
>>> from random import *
>>> randint(10,20)
12
```

模块是逻辑上有关系的变量、函数以及类的集合，运行这些内容的目的是初始化模块，并且这个初始化的过程只执行一次，执行时机是首次导入的时候。当模块多次被导入时，将不会再次进行初始化，而是从内存中读取已经导入的模块内容。

例如：

```
# test_import.py                       建立模块
print("test_import.py")
```

```
# test.py
#导入时需保证 test_import.py 和 test.py 位于同一目录下,并且运行 test.py
import test_import
import test_import
```

运行结果:

```
================================
test_import.py
```

5.7.3 包的使用

1. 包的概念和结构

当程序中的模块非常多时,需要再进行组织。将功能类似的模块放到一起,形成"包"。本质上,"包"就是一个必须有__init__.py 的文件夹。包的典型结构如图 5-3 所示。

包下面可以包含模块(module),也可以再包含子包(subpackage)。就像文件夹下面可以有文件,也可以有子文件夹一样。包含子包的结构如图 5-4 所示。

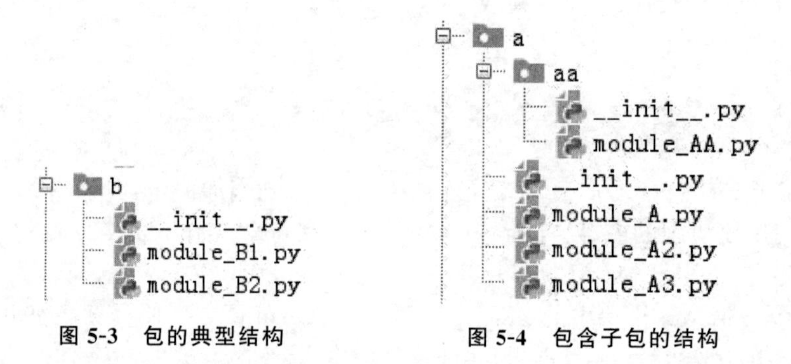

图 5-3 包的典型结构　　图 5-4 包含子包的结构

2. 包的导入

在 Python 中,包的导入与模块的导入方式相同,可以使用 import 导入和使用 from…import…导入两种。

语法格式 1:

```
from package import item
```

说明:item 可以是包、模块,也可以是函数、类、变量。

语法格式 2:

```
import item1.item2
```

说明:item 必须是包或模块。

例如在图 5-3 结构中,需要导入 module_AA.py,方式如下:

```
import a.aa.module_AA                    #必须加完整名称来引用
from a.aa import module_AA               #可以直接使用模块名
from a.aa.module_AA import fun_AA        #可以直接使用函数名
```

3. __init__.py

__init__.py 是包的标志性文件，Python 通过一个文件夹下是否有__init__.py 文件，来识别该文件夹是否为包文件。不同包下包含相同名称的模块时，为了区分，通过“包名.模块名”路径来指定模块，这个路径叫作命名空间。

导入包的本质是导入了包的“__init__.py”文件。也就是说，“import pack1”意味着执行了包 pack1 下面的__init__.py 文件。这样，可以在__init__.py 中批量导入需要的模块，而不再需要一个一个地导入。

__init__.py 具有以下三个特征：

(1) 作为包的标识，不能删除。

(2) 可以实现模糊导入。

(3) __init__.py 内容可以为空，也可以写入一些包执行时的初始化代码。

本章习题

一、填空题

1. 定义函数时使用的关键字是________。

2. ________表达式可以用来创建只包含一个表达式的匿名函数。

3. Python 中函数参数可以分为________、________、________和可变参数等。

4. Python 作用域可以分为________、嵌套父级函数的局部作用域、________和________。

5. 在函数内部可以通过关键字________来声明或定义全局变量。

6. 递归函数包括两个要素：________与________。

二、判断题

1. 函数是代码复用的一种方式。(　　)

2. 一个函数如果带有默认值参数，那么必须所有参数都设置默认值。(　　)

3. 定义 Python 函数时，如果函数中没有 return 语句，则默认返回空值 None。(　　)

4. 在函数内部，可以使用 global 来声明使用外部全局变量，也可以使用 global 直接定义全局变量。(　　)

5. 在函数内部没有办法定义全局变量。(　　)

6. 不同作用域中的同名变量之间互相不影响，也就是说，在不同的作用域内可能定义同名的变量。(　　)

7. 在调用函数时，可以通过关键参数的形式进行传值，从而避免必须记住函数形参顺

序的麻烦。(　　)

三、程序阅读题

1. 下面程序的执行结果是________。

```
def Sum(a,b = 3,c = 5):
    return sum([a,b,c])
print(Sum(a = 8,c = 2))
print(Sum(8))
print(Sum(8,2))
```

2. 下面程序的执行结果是________。

```
def demo():
    x = 5
x = 3
demo()
print(x)
```

3. 下面程序的执行结果是________。

```
def f1(x,y):
    if y == 0:
        return x
    else:
        return x % y
print(f1(18,5))
```

4. 下面程序的执行结果是________。

```
s = map(lambda x:x ** 2,[1,2,3])
for n in s:
    print(n,end = " ")
```

5. 下面程序的执行结果是________。

```
def f2(p1, * p2):
    print(p1,p2)
f2(1,2,3,4)
```

6. 下面程序的执行结果是________。

```
def f3(p1, ** p2):
    print(p1)
    print(p2)
f3(1,x = 2,y = 3,z = 4)
```

7. 下面程序的执行结果是________。

```
n = 1
m = 0
```

```
def f4():
    global n
    for x in [1,2,3]:n += 1
    m = 10
    print(n,m)
f4()
print(n,m)
```

四、程序设计题

1. 自定义一个 sumfib(n)函数,返回斐波那契数列前 n 项之和。

2. 自定义一个 jc(n)函数,返回 n!。

3. 自定义一个 f1()函数,可以接收任意多个整数并输出其中的最大值和所有整数之和。

4. 自定义一个 hw(ch)函数,判断 ch 是否返回字符串。

第二部分

进 阶 篇

第6章

文件操作

CHAPTER 6

本章学习目标

- 掌握文件分类方法。
- 掌握文件对象操作方法。
- 掌握 Python 标准库中 os、shutil、glob 和 json 库的使用方法。

操作系统为了长期保存数据以方便重复使用、修改和存储,必须将数据以文件的形式保存在存储介质中。而数据保存的介质主要包括文件和数据库等,因此,将内存中的数据结构转换为可以写入文件的数据结构的过程尤为重要,而这个过程称为序列化过程,反过程称为反序列化过程。

本章首先从文件操作概述开始引入基本概念,同时对基本的单文件和多文件两个方面进行介绍,分别列举了基本使用方法,最后引入序列化及反序列化概念介绍了文件相关的扩展模块的使用方法,方便 Python 文件快速开发。

6.1 文件操作概述

作为信息交换的重要途径，文件是长久保存信息并允许重复使用和反复修改的重要方式。

按数据的组织形式，可将文件分为文本文件和二进制文件两类：文本文件，是常规字符串，由若干文本行组成，通常每行以换行符"\n"结尾；二进制文件，将信息以字节串进行存储，无法用记事本或其他普通字处理软件进行编辑，无法直接阅读和理解，常见的二进制文件如图形文件、音视频文件、可执行文件、数据库文件等。

按写入文件的形式，可将文件分为"字符流"和"字节流"两种。字符流是将数据内容以字符的形式保存到文件中，在读取过程中，读取到的所有内容都是字符，如.py文件，记事本文件等，直接打开这些文件可以看到里面的内容为可以识别的内容，常见的格式包括xml、html、js和JSON等。字节流是将内容以字节的形式保存到文件的方式，读取过程中需要先读取字节，再将字节按照一定的规则转换为可以识别的内容，如网络socket通信、com端口通信都属于该类型。

6.2 文件对象的方法

6.2.1 单文件对象方法

文件的操作有打开、读、写、重命名、删除等。

1. 打开文件(open)和关闭文件(close)

open()方法原型如图6-1所示。

open('文件名','r')：只读方式打开文件。

open('文件名','r+')：以读写方式打开，文件不存在时报错。

open('文件名','w')：以可写方式打开文件。

open('文件名','w+')：以读写方式打开，文件不存在时新建。

open('文件名','a')：以追加写方式打开，文件不存在时新建。

open('文件名','a+')：以追加读写方式打开，文件不存在时新建。

open('文件名','rb')：以二进制读方式打开，只能读文件，如果文件不存在，会发生异常。

open('文件名','wb')：以二进制写方式打开，只能写文件，如果文件不存在则创建。

文件操作完后一定调用close()方法关闭文件，close()方法是为了释放资源。如果不使用close()方法，那就要等到垃圾回收时，自动释放资源。垃圾回收的时机是不确定的，也是无法控制的。

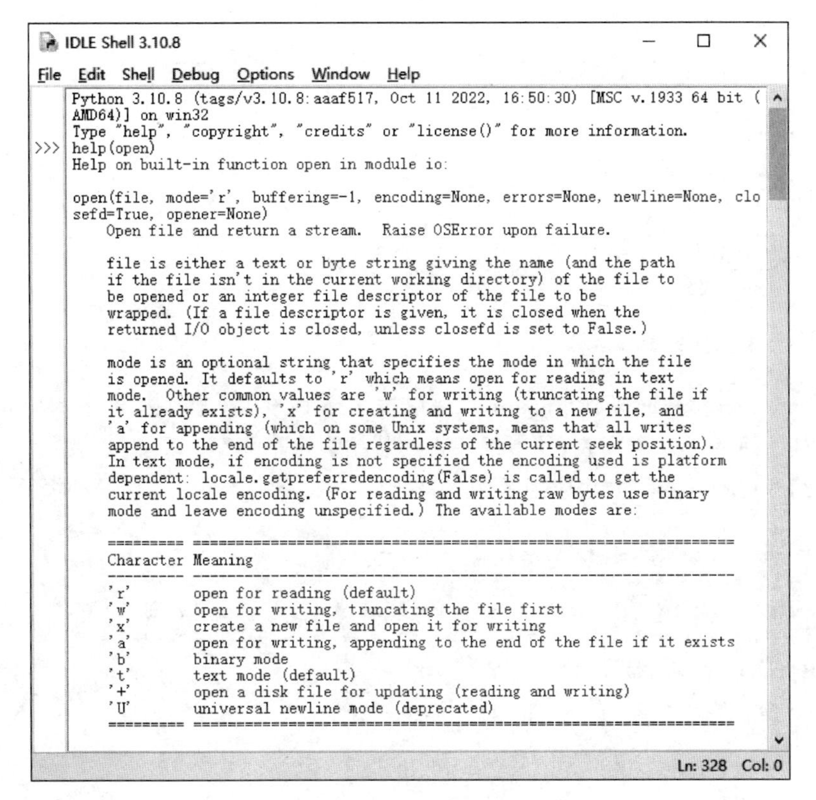

图 6-1　open()方法原型

2. 写数据(write)

使用 write()方法可以向文件写入数据，如果文件不存在就创建文件；如果存在就先清空，然后写入数据。

【例 6-1】　write()方法使用示例。

```
open('test1.txt','w')              #打开 test.txt 文件,如果没有就创建,w 文件可写
f.write('hello world')             #写入 hello world,覆盖原先的全部数据
f.close()                          #关闭文件
```

3. 读数据(read)

使用 read(num)方法可以从文件中读取数据，num 表示要从文件中读取的数据的长度(单位是字节)，如果没有传入 num，就表示读取文件中所有的数据。

【例 6-2】　read(num)方法使用示例。

```
f = open('test.txt','r')           #打开 test.txt 文件,如果没有就创建,w 文件可写
content = f.read(5)                #最多读取 5 个数据
print(content)                     #hello
print('*'*10)
content = f.read()                 #从上次读取的位置继续读取剩下的所有数据
print(content)                     #world
f.close()                          #关闭文件
```

运行结果如图6-2所示。

```
================= RESTART: C:/Users/Administrator/test/test1.py ==========
1:www
**********
.test1.com
2:www.test2.com
3:www.test3.com
4:www.test4.com
5:www.test5.com
```

图6-2　例6-2运行结果

4. 按行读数据(readlines)

就像read没有参数时一样，readlines可以按照行的方式把整个文件中的内容进行一次性读取，并且返回的是一个列表，其中每一行的数据为一个元素。

【例6-3】 readlines()方法使用示例。

```
f = open('test.txt','w')
# 写入5行 hello world
f.write('hello world\nhello world\nhello world\nhello world\nhello world')
f = open('test.txt', 'r')
content = f.readlines()
print(type(content))
print(content)
i = 1
for con in content:
    print("%d:%s" % (i, con))
    i += 1
f.close()
```

运行结果如图6-3所示。

```
=================== RESTART: C:/Users/Administrator/test1.py ===================
<class 'list'>
['hello world\n', 'hello world\n', 'hello world\n', 'hello world\n', 'hello worl
d']
1:hello world

2:hello world

3:hello world

4:hello world

5:hello world
```

图6-3　例6-3运行结果

5. tell()方法

可以将文件指针当前指向的位置读出(即光标位置)，文件test.txt的内容如下：

```
1. www.test1.com
2. www.test2.com
3. www.test3.com
4. www.test4.com
5. www.test5.com
```

【例 6-4】 循环读取文件的内容示例。

```
# 打开文件
fo = open("test.txt", "r")
print("文件名为：", fo.name)
line = fo.readline()
print("读取的数据为：%s" % (line))
# 获取当前文件位置
pos = fo.tell()
print("当前位置：%d" % (pos))
# 关闭文件
fo.close()
```

以上示例输出结果如图 6-4 所示。

```
=================== RESTART: C:/Users/Administrator/test1.py ===============
文件名为:  test.txt
读取的数据为: 1:www.test1.com

当前位置: 17
```

图 6-4　例 6-4 运行结果

6. seek()方法

将光标位置移至所需位置。

用法：f.seek(offset,whence=0)。

offset：开始偏移量，代表需要移动偏移的字节数。

whence：给 offset 参数一个定义，表示要从哪个位置偏移；0 代表从文件开头算起，1 代表从当前位置算起，2 代表从文件末尾算起，默认为 0。注意，此处偏移量是按字节计算的，也就是一个汉字最少需要两个偏移量。如果偏移量正好被一个汉字分开，则会报错。

【例 6-5】 seek()方法使用示例。

```
f = open('test.txt','w+')
f.write('123')
f.seek(3,0)
print(f.tell())                #当前文件指针的位置
f.close
```

运行结果如图 6-5 所示。

```
=================== RESTART: C:/Users/Administrator/test1.py ===============
3
```

图 6-5　例 6-5 运行结果

7. truncate([size])方法

当不指定 size 的时候，表示从光标位置删除后面内容；当指定 size 之后，表示从文件头开始，保留 size 字节的字符（中文按两字节计算）。

8. flush()方法

将内存内容立即写入硬盘。

9. 上下文管理语句 with

Python 中的 with 语句用于异常处理，封装了 try…except…finally 编码范式，提高了易用性。with 语句使代码更清晰、更具可读性，它简化了文件流等公共资源的管理。在处理文件对象时使用 with 关键字是一种很好的做法。

关键字 with 可以自动管理资源，可以在代码块执行完毕后自动还原进入该代码块时的上下文，常用于文件操作、数据库连接、socket 等场合，用于文件内容读写时，with 用法如下：

```
with open(filename,mode,encoding) as fp:            # fp操作文件内容
```

既不使用 with，也不使用 try…except…finally 的用法如下：

```
file = open('./test.txt', 'w')
file.write('hello world !')
file.close()
```

以上代码如果在调用 write()方法的过程中出现了异常，则 close()方法将无法被执行，因此资源就会一直被该程序占用而无法被释放。以下可以使用 try…except…finally 来改进代码，例如：

```
file = open('./test.txt', 'w')
try:
    file.write('hello world')
finally:
    file.close()
```

以上代码对可能发生异常的代码处进行 try 捕获，发生异常时执行 except 代码块，finally 代码块是无论什么情况都会执行，所以文件会被关闭，不会因为执行异常而占用资源。使用 with 关键字改进如下：

```
with open('./test.txt', 'w') as file:
     file.write('hello world !')
```

使用 with 关键字系统会自动调用 f. close()方法，with 的作用等效于 try…finally 语句。

with 语句的实现原理建立在上下文管理器之上，上下文管理器是一个实现__enter__和__exit__方法的类，使用 with 语句确保在嵌套块的末尾调用__exit__方法，这个概念类似于 try…finally 块的使用，例如：

```
with open('./test.txt', 'w') as my_file:
    my_file.write('hello world!')
```

以上实例将“hello world!”写到./test.txt 文件中。在文件对象中定义了__enter__和__exit__方法，即文件对象也实现了上下文管理器，首先调用 __enter__方法，然后执行 with 语句中的代码，最后调用__exit__方法。即使出现错误，也会调用 __exit__方法，也就是会关闭文件流。

6.2.2　多文件对象方法

1. 两个文件的交集、并集、差集

平时在操作两个文件时，都需要对这两个文件的内容进行交集、并集和差集的运算，主要是针对两个文件内容中的重复内容、不重复内容和共有内容的运算，与其他数据结构的运算相似，如下程序示例对两个文件的交集、并集、差集进行了演示。

【例 6-6】 对两个文件的交集、并集、差集的运算示例。

```
f1 = set(open('test1.txt','r').readlines())
f2 = set(open('test2.txt','r').readlines())
output = True
path = 'rmcompare.txt'
print('两个文件比较')
res1 = f1&f2
res2 = f1|f2
res3 = f1 - f2
res = [res1,res2,res3]
print('result:::')
n = 0
for i in range(3):
    n = len(res[i])
    if n > 0 and n < 100:
        print('n = ' + str(n))
        print('result' + str(i) + ':::')
        for item in res[i]:
            print(item)
print('result:::')
```

test1.txt 和 test2.txt 两个文件的内容如图 6-6 所示。

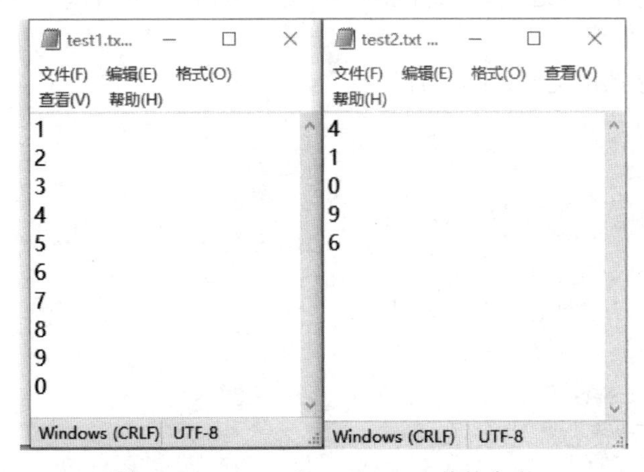

图 6-6　test1.txt 和 test2.txt 文件的内容

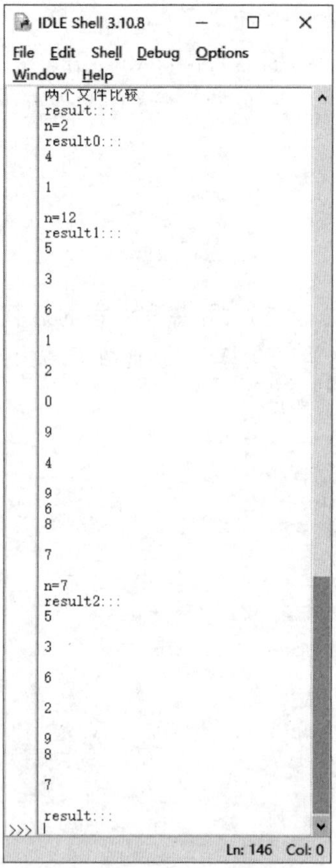

```
IDLE Shell 3.10.8
File Edit Shell Debug Options
Window Help
两个文件比较
result:::
n=2
result0:::
4

1

n=12
result1:::
5

3

6

1

2

0

9

4

9
6
8

7

n=7
result2:::
5

3

6

2

9
8

7

result:::
>>> |
Ln: 146 Col: 0
```

图 6-7 两个文件交集、并集、差集的运行结果

运行结果如图 6-7 所示。

2. 批量文件的类型修改

实际编程过程中,批量修改同一个文件夹下各个文件的类型,是经常用到的功能。

【例 6-7】 批量文件的类型修改示例。

```
import os
for f in os.listdir('.'):
    if os.path.splitext(f)[1] == '.txt':
        os.rename(f,os.path.splitext(f)[0] + '.doc')
```

3. 批量文件的重命名

实际程序设计过程中,经常遇到需要将某些特定文件类型的文件改名,这个时候就需要批量文件重命名。

【例 6-8】 批量文件的重命名示例。

```
import os
i = 1
for f in os.listdir('.'):
    if os.path.splitext(f)[1] == '.doc':
        i += 1
        os.rename(f,str(i) + '.txt')
```

4. 删除批量文件相同的行

有的时候我们会遇到这样的问题:同样类型的文档可能代表了多个版本,而如果需要对这些不同版本中的文件进行统一删除操作,尤其是删除同一行,当然也可以修改成别的方式。

【例 6-9】 删除批量文件相同行的示例。

```
import os
nlines = [1,3,5]
j = 0
k = 1
for f in os.listdir('.'):
    if os.path.splitext(f)[1] == '.txt':
        j += 1
        k = 1
        openf = open(f,'r')
        writef = open('temp','w')
        while True:
            line = openf.readline()
```

```
    if line:
        if k in nlines:
            k += 1
            continue
        else:
            k += 1
            writeline = '%s' % line
            writef.write(writeline)
    else:
        break
openf.close()
writef.close()
os.remove(f)
os.rename('temp',os.path.splitext(f)[0] + '.txt')
```

运行前目录下两个文件的内容如图 6-8 所示，运行后目录下相同.txt 文件的内容如图 6-9 所示。

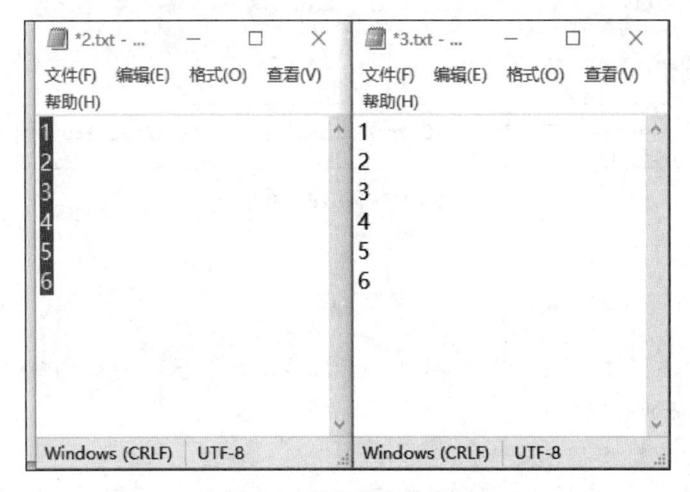

图 6-8　运行前文件内容

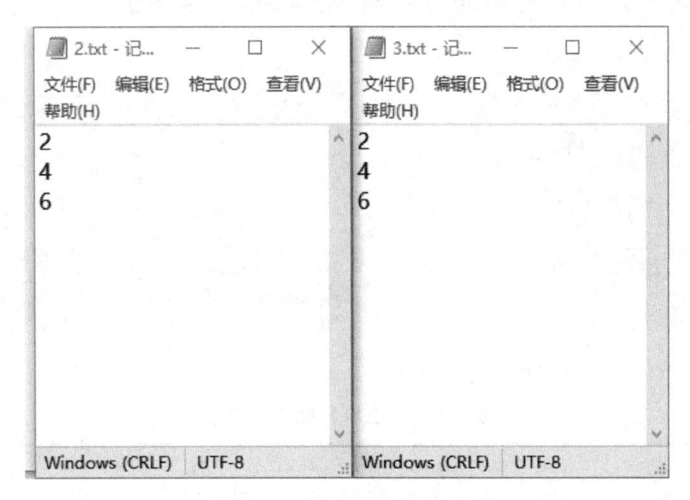

图 6-9　运行后文件内容

6.3 常用文件操作标准库

6.3.1 os 文件/目录方法

常用文件夹的操作如下。

(1) 创建文件夹,例如:

```
import os
os.mkdir("test")
```

(2) 获取当前目录,例如:

```
import os
print(os.getcwd())      # C:\Users\Administrator
```

运行结果如图 6-10 所示。

```
================= RESTART: C:/Users/Administrator/test/test1.py ===========
C:\Users\Administrator\test
```

图 6-10 getced()方法

(3) 改变默认目录,例如:

```
import os
os.chdir("../")
```

(4) 获取目录列表,例如:

```
import os
print(os.listdir("./"))            # 列出本文件夹下的全部文件和文件夹
```

(5) 重命名文件夹,例如:

```
import os
os.rename(olddir, newdir)
```

(6) 删除文件夹,例如:

```
import os
os.rmdir("test")
```

os 模块其他常用的方法如表 6-1 所示。

表 6-1 os 模块其他常用方法

方 法	描 述
os.access(path, mode)	检验权限模式
os.chflags(path, flags)	设置路径的标记为数字标记

续表

方　法	描　述
os.chmod(path, mode)	更改权限
os.chown(path, uid, gid)	更改文件所有者
os.chroot(path)	改变当前进程的根目录
os.close(fd)	关闭文件描述符 fd
os.closerange(fd_low, fd_high)	关闭所有文件描述符，从 fd_low（包含）到 fd_high（不包含），错误会忽略
os.dup(fd)	复制文件描述符 fd
os.dup2(fd, fd2)	将一个文件描述符 fd 复制到另一个 fd2
os.fchdir(fd)	通过文件描述符改变当前工作目录
os.fchmod(fd, mode)	改变一个文件的访问权限，该文件由参数 fd 指定，参数 mode 是 UNIX 下的文件访问权限
os.fchown(fd, uid, gid)	修改一个文件的所有权，该方法修改一个文件的用户 ID 和用户组 ID，该文件由文件描述符 fd 指定
os.fdatasync(fd)	强制将文件写入磁盘，该文件由文件描述符 fd 指定，但是不强制更新文件的状态信息
os.fdopen(fd[, mode[, bufsize]])	通过文件描述符 fd 创建一个文件对象，返回这个文件对象
os.fstat(fd)	返回文件描述符 fd 的状态，如 stat()方法
os.fsync(fd)	强制将文件描述符为 fd 的文件写入硬盘
os.fpathconf(fd, name)	返回一个打开的文件的系统配置信息。name 为检索的系统配置的值，它也许是一个定义系统值的字符串，这些名字在很多标准中指定(POSIX.1、UNIX 95、UNIX 98 等)
os.fstatvfs(fd)	返回包含文件描述符 fd 的文件的文件系统的信息，Python 3.3 相当于 statvfs()方法
os.ftruncate(fd, length)	裁剪文件描述符 fd 对应的文件，它最大不能超过文件大小

6.3.2　shutil 文件操作模块

shutil 是高级文件操作工作，对文件的复制和删除操作支持得比较好。

1. copyfile(src,dst)

含义：从源 src 复制到 dst 中。

当然前提是目标地址是具备可写权限，抛出的异常信息为 IOException，如果当前的 dst 已存在的话就会被覆盖。

shutil.copy()方法将 src 表的“test.txt”移动到 dst 表，代码如下：

```
import shutil
src = r" C:\Users\Administrator\test.txt"
dst = r" C:\Users\Administrator\test1"
shutil.copy(src,dst)
```

运行结果如图 6-11 所示。

图 6-11 shutil. copy

2. shutil. move(src,dst)

含义：移动文件/文件夹。

参数：src 表示源文件/文件夹，dst 表示目标文件夹。

注意：文件/文件夹一旦被移动了，原来位置的文件/文件夹就没有了。目标文件夹不存在时，会报错。

shutil. move()方法：将当前工作目录下的 test. txt 文件移动到 dst 文件夹下。

```
import shutil
dst = r" C:\Users\Administrator\test"
shutil.move("test.txt",dst)
```

3. 创建和解压压缩包

zipobj. write()方法：创建一个压缩包。

zipobj. namelist()方法：读取压缩包中的文件信息。

zipobj. extract()方法：将压缩包中的单个文件解压出来。

zipobj. extractall()方法：将压缩包中的所有文件解压出来。

shutil 模块对压缩包的处理是调用 ZipFile 和 TarFile 这两个模块来进行的，因此需要导入这两个模块。

注意：这里所说的压缩包，指的是". zip"格式的压缩包。例如：

```
import zipfile
import os
file_list = os.listdir(os.getcwd())
# 将上述所有文件进行打包，使用"w"
with zipfile.ZipFile(r"test.zip", "w") as zipobj:
    for file in file_list:
        zipobj.write(file)
```

运行结果如图 6-12 所示。

6.3.3 glob 文件操作模块

用 glob 模块查找符合特定规则的文件路径名。查找文件只用到 3 个匹配符："*""?"

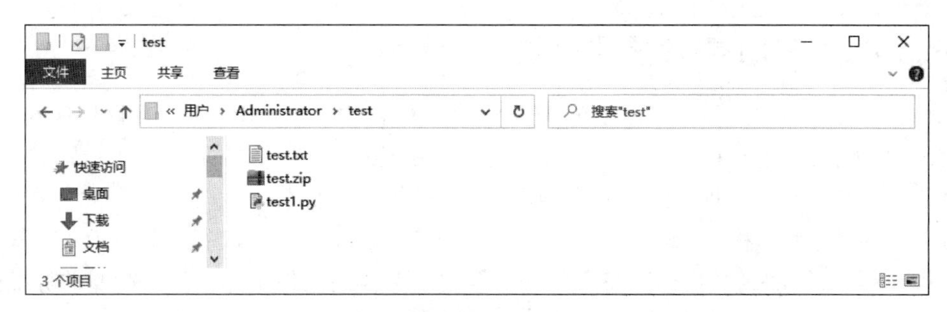

图 6-12　zipfile

和“[]”。

(1) *：匹配一个文件名中的 0 个或多个字符。

(2) ?：匹配文件名中该位置的单个字符。

(3) []：匹配指定范围内的字符，如[0—9]匹配数字，[a—z]匹配小写字母。

glob.glob(pathname)方法：返回所有匹配的文件路径列表。它只有一个参数 pathname，定义了文件路径匹配规则，这里可以是绝对路径，也可以是相对路径，例如：

```
import glob
pathname = r"C:\Users\Administrator\test\*.zip"
print(glob.glob(pathname))
```

运行结果如图 6-13 所示。

```
================= RESTART: C:/Users/Administrator/test/test1.py =============
['C:\\Users\\Administrator\\test\\test.zip']
```

图 6-13　glob 方法

glob.iglob(pathname)方法用于获取一个可遍历对象，使用它可以逐个获取匹配的文件路径名。与 glob.glob()方法的区别是：glob.glob 同时获取所有的匹配路径，而 glob.iglob 一次只获取一个匹配路径，代码如下：

```
import glob
pathname = r"..\*.py" # 获取上一级目录所有以.py 结尾的文件
out = glob.iglob(pathname)
for i in out:
print(i)
```

运行结果如图 6-14 所示。

```
================= RESTART: C:/Users/Administrator/test/test1.py ============
..\1.py
..\3.py
..\bmr2.py
..\bmrtest.py
..\emailtest.py
..\exceptiontest.py
..\jiebetest.py
..\moneysavetest.py
..\passtest.py
..\recetest.py
..\rollcalltest.py
..\rollcalltest2.py
```

图 6-14　iglob 方法

6.3.4 JSON 文件操作模块

从文件写入或读取字符串很简单,数字则稍显麻烦,因为 read()方法只返回字符串,这些字符串必须传递给 int()函数,接收'123'这样的字符串,并返回数字值 123。保存嵌套列表、字典等复杂数据类型时,手动解析和序列化的操作非常复杂。

Python 允许使用称为 JSON(JavaScript Object Notation)的流行数据交换格式,而不是让用户不断编写和调试代码来将复杂的数据类型保存到文件中。称为 JSON 的标准模块可以采用 Python 数据层次结构,并将其转换为字符串表示;这个过程称为序列化。将字符串重新构造数据的过程称为反序列化。在序列化和反序列化之间,表示对象的字符串可能已存储在文件或数据中,或通过网络连接发送到某个远程计算机。

JSON 格式通常用于现代应用程序的数据交换。程序员早已对它耳熟能详,可谓是交互操作的不二之选。

只需一行简单的代码即可查看某个对象的 JSON 字符串表现形式,代码如下:

```
import json
x = {'a':'a', 'b':'b', 'c':'c'}
data = json.dumps(x,indent = 4)
print(data)
```

运行结果如图 6-15 所示。

```
=================== RESTART: C:/Users/Administrator/pycont.py ===========
{
    "a": "a",
    "b": "b",
    "c": "c"
}
```

图 6-15 运行结果

Python 原始类型向 JSON 类型的转化对照表如表 6-2 所示。

表 6-2 Python 原始类型向 JSON 类型的转化对照表

Python	JSON	Python	JSON
dict	object	True	true
list,tuple	array	False	false
str,unicode	string	None	null
int,long,float	number		

json.loads()方法同 dumps 相反,代码如下:

```
import json
x = {'a':'a', 'b':'b', 'c':'c'}
xjson = json.dumps(x)
print(json.loads(xjson))
```

运行结果如图 6-16 所示。

```
================ RESTART: C:/Users/Administrator/test/test1.py ==========
{'a': 'a', 'b': 'b', 'c': 'c'}
```

图 6-16 运行结果

JSON 类型转换到 Python 的类型对照表如表 6-3 所示。

表 6-3　JSON 类型转换到 Python 的类型对照表

JSON	Python	JSON	Python
object	dict	number(real)	float
array	list	true	True
string	unicode	false	False
number(int)	int，long	null	None

dumps()方法还有一个变体：dump()方法，它只将对象序列化为 text file。因此，如果 f 是 text file 对象，则有如下代码：

```
import json
x = {'a':'a', 'b':'b', 'c':'c'}
xjson = json.dumps(x)
src = r"C:\Users\Administrator\test.txt"
with open(src, 'w') as f:
    json.dump(xjson, f)
```

运行结果如图 6-17 所示。

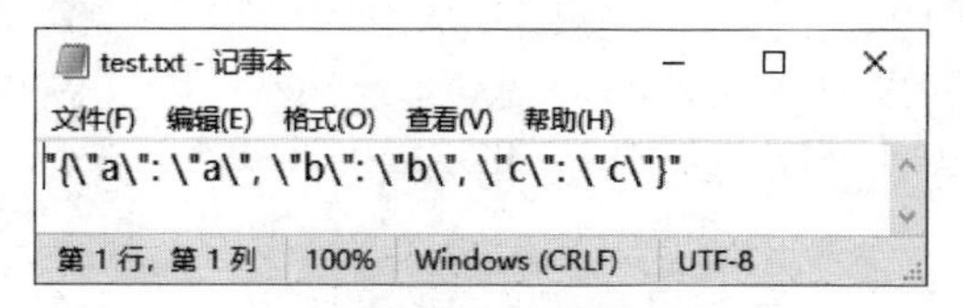

图 6-17　dumps() 方法

说明：JSON 文件必须以 UTF-8 编码。当打开 JSON 文件作为一个 text file 用于读写时，使用 encoding="UTF-8"。

Json.load()方法与 dump 方法相反，例如：

```
import json
src = r"C:\Users\Administrator\test.txt"
with open(src, 'r') as f:
    fout = json.load(f)
    print(fout)
```

运行结果如图 6-18 所示。

```
================= RESTART: C:/Users/Administrator/test/test1.py ===========
{"a": "a", "b": "b", "c": "c"}
```

图 6-18　json.load()方法

本章习题

一、选择题

1. 按写入文件的形式，将数据内容以字符的形式保存到文件中，在读取过程中，读取到的所有内容都是字符，该类型称为(　　)。

A. 字符流　　B. 字节流　　C. 位流　　D. 报文流

2. 单片机通过串口给上位机传数据，该数据称为(　　)。

A. 字符流　　B. 字节流　　C. 位流　　D. 报文流

3. 查看 open()方法的具体说明文档的命令为(　　)。

A. help open()方法　　B. help --open　　C. help(open)　　D. open-h

4. 文件 open()方法中，以追加读写方式打开，同时文件不存在新建，该属性为(　　)。

A. 'r+'　　B. 'w+'　　C. 'rb　　D. 'a+

5. 使用 with 关键字系统会自动调用(　　)方法，with 的作用等效于 try…finally 语句。

A. close()　　B. open()　　C. write()　　D. read()

6. 两个文件 file1 和 file2，如果想读取两个文件都有的内容的话，应使用哪条语句？(　　)

A. file1 | file2　　B. file1 & file2　　C. file1 − file2　　D. file1 + file2

7. os 模块中更改权限的语句是(　　)。

A. os.access(path, mode)　　B. os.chroot(path)

C. os.chmod(path, mode)　　D. os.fchdir(fd)

8. Python 原始类型向 JSON 类型的转化过程中，list 类型变成 json 后为(　　)类型。

A. null　　B. object　　C. string　　D. array

9. 查看某个对象的 JSON 字符串表现形式的方法为(　　)。

A. dumps()　　B. loads()　　C. encode()　　D. Array()

10. 用 glob 模块查找符合特定规则的文件路径名，下面属于查找文件匹配指定范围内的字符匹配符的是(　　)。

A. "?"　　B. "[]"　　C. "*"　　D. "|"

二、填空题

1. 课堂随机提问程序，读取点名册，随机选择 5 位同学回答问题，点名册每一行只有一个中文学生姓名。

```
import random
open('name.txt',encoding = 'gbk') as fs:
    name = fs.read(). ________
    temp = ________
    random.________(temp)
    print(temp[0:5])
```

2. 编写程序并填空，统计指定文件夹中所有.py 格式的 Python 文件个数。

```
import os
import os.path
total = 0
def pycount(path):
    global total
```

```
    for subpath in os.        (path):
        subpath = os.path.              (path,subpath)
        if os.path.          (subpath):
            pycount(subpath)
        elif subpath.             ('.py'):
            print(subpath)
            total += 1
if __name__ == '__main__':
    pycount(r'C:\Users\Administrator')
    print(total)
```

3. 编写程序并填空，计算文本文件中最长行的长度。

```
with open('test.txt',________ = 'gbk') as f:
print(max((____(line.____) for line in f)))
```

4. 编写程序并填空，模仿大数据基本方法，统计一个文件中出现的单词的个数。

```
count = 0
with open('test.txt',encoding = 'utf - 8') as f:
    for lines in f.________):
        for word in lines.________:
            count += 1
print('word count is %d'________)
```

5. 编写程序并填空，创建文件 data.txt，文件中共有 50 行，每行存放一个 1～100 的整数。

```
import ________
f = open(r'C:\Users\Administrator\test\data.txt','w+')
for i in ________:
    f.write(str(random.________) + '\n')
f.seek(0)
print(f.________)
f.close
```

三、程序设计题

1. 编写程序，采用 JSON 库，如何实现读取写入多行数据？完成程序空缺部分。

```
import json
f = r'C:\Users\Administrator\test'
x = {'a':'a', 'b':'b', 'c':'c'}
#写入多行数据到文件




#写结束
#从文件读取多行数据，并转化为 list




#读结束
```

2. 编写程序，问题描述：存在两个文件 test1 和 test2，两个文件中每一行只有一个姓名，如何求在 test1 文件中出现 test2 中名字的名字？完成程序空缺部分。

```
f1 = open('test1.txt')
f2 = open('test2t.txt')
#在此处编写程序


#在此处解释程序
```

3. 编写程序，从键盘输入一些字符，逐个把它们写到指定的文件，直到输入一个@为止。如输入文件名：out.txt；输入字符串：Python is open.@；执行代码后，out.txt 文件中内容为：Python is open。完成程序空缺部分。

```
hon is open.@ ;执行代码后,out.txt 文件中内容为: Python is open.
print('输入@后的内容不再输入文件中')
word = input('请输入你想输入文件中的字符:')
#在此处编写程序





#在此处解释程序
with open('test.txt','r',encoding = 'utf-8') as fd:
print(fd.read())
```

4. 编写课堂随机提问程序，读取点名册，随机选择 5 位同学回答问题，点名册每一行只有一个中文学生姓名。完成程序空缺部分。

```
import random
f = r'C:\Users\Administrator\test\data.txt'
name = []
#在此处编写程序





#在此处解释程序
print(name)
```

5. 编写一个程序，将一张名片的信息序列化为字节流。完成程序空缺部分。

```
import json
#在此处编写程序


#在此处解释程序
print(data)
```

第7章

面向对象程序设计

CHAPTER 7

本章学习目标

- 掌握面向对象程序设计的概念。
- 掌握 Python 语言面向对象程序设计的基本操作。
- 深入理解 Python 语言面向对象程序设计的思维。

计算机软件开发技术是随着计算机应用的不断发展逐步演进的，随着系统的复杂化形成了软件工程方法，目前主要有面向过程和面向对象的程序设计理论。本章将从面向对象程序设计的发展讲起，带领读者理解面向对象的基本概念及面向对象编程的基本语法，结合实例由浅入深地介绍类、属性、方法、继承、重写等基本概念及使用，使读者能够使用 Python 语言进行面向对象程序设计。

7.1 面向对象程序设计概述

面向对象程序设计是在面向过程程序设计比较成熟之后逐步形成的，面向对象的程序设计思维更接近现实世界，更易于理解，同时具有更好的扩展性，更易于程序的管理和维护，所以日益得到重视和发展。

所谓面向对象开发的思想，就是在分析现实中客观存在的事物及其行为以及事务之间的联系的基础上，用软件实现它们的状态、属性和行为，以及事务之间的相互作用。这种编程思想类似于人的直观思维方式，面向对象与客观世界相对应，对象的概念就是现实世界中对象的模型化。从人类认知过程的角度来看，面向对象的方法既提供了从一般到特殊的演绎手段（如继承），又提供了从特殊到一般的归纳形式（向上转型）。面向对象方法学是遵循一般认知方法学的基本概念而建立起来的完整理论和方法体系。因此，面向对象方法学也是一种认知方法学。

从软件技术角度来讲，面向对象方法起源于信息隐蔽和抽象数据类型概念，它以对象作为基本单位，把系统中的所有资源，如数据、模块以及系统都看成对象，每个对象把一组数据和一组过程封装在一起。面向对象方法从现实世界中的问题域直接抽象，确定对象，根据对象的特性抽象，用类来描述相同属性的对象，而类又分成不同的抽象层次，类成为面向对象设计的最基本模块，它封装了描述该类的数据和操作，数据描述了对象具体的状态，而操作确定了对象的行为。

7.1.1 面向对象程序设计的发展

在 20 世纪 50 年代初，面向对象方法中的“对象”“属性”等概念第一次出现在关于人工智能的著作中。到 50 年代后期，随着面向对象的编程语言（Object Oriented Programming Language，OOPL）的出现，面向对象的思想开始真正蓬勃发展起来。

20 世纪 60 年代中期，由挪威计算中心和奥斯陆大学共同研制的 Simula 语言首次引入了类、继承和对象等概念，成为面向对象方法学在软件工程领域的起源标志。1980 年，Xerox 研究中心推出 SmallTalk80 系统，强调了对象概念的统一，并引入了方法、实例等概念和术语，应用了单重继承机制和动态链接。它从界面、环境、工具、语言以及软件可重用等方面对软件开发工作提供了较为全面的支持，使得面向对象程序设计趋于完善，掀起了面向对象研究的高潮。目前流行的程序设计语言 Python、C++、Java 等都是面向对象编程语言。

1989 年，Object Management Group（OMG）公司成立，它建立了面向对象的工业标准，细化对象管理描述和应用开发的通用框架。统一建模语言（Unified Modeling Language，UML）就是由 OMG 发布和维护的。UML 是为软件系统的产品进行描述、可视化、构造、归档的一种语言。它同样适用于商业模块和其他非软件系统。

自 1990 年，面向对象分析（Object Oriented Analysis，OOA）和面向对象设计（Object Oriented Design，OOD）被广泛研究，许多专家都在尝试用不同的方法进行面向对象分析和设计。面向对象分析和设计技术逐渐走向实用，最终形成了从分析、设计、编程、测试到维护的一整套软件开发体系。

7.1.2　面向对象的基本概念

面向对象程序设计研究和使用的主体包括类、对象、继承、基于消息的通信。即面向对象使用了对象、类和继承的机制，同时对象之间只能通过传递消息来实现相互通信。

1. 类

类(Class)是一些具有相同或相似属性的实体的抽象描述。整个世界是由众多实体所构成的，凡是具有共性的实体集合可以称为一类。凡是能称为一类的东西，一般都不会只有一个独立的个体。在现实世界中划分类的方法有很多，根据不同的作用、目的和研究方法等，都有不同的分类方法。例如，动物、植物、微生物；文科、理科、工科；教师、学生等。

分类不仅可以构成层次，而且可能存在交叉。就人类而言，从性别上可分为男性和女性，而他们又可以根据年龄分为老年、中年、少年。每种分类的结果都可能再次划分，交叉的现象也可能非常复杂。

对于某一个类，其共有特征一般是抽象的。例如人，一般大家会想到人有名字、性别、身高、年龄等属性。但是每个人的情况差别很大，人是一个类，具体到每个人就是一个个体。只能说某个人叫什么名字，而不会说人叫什么名字。

在面向对象程序设计语言中，类提供了一种将数据和方法整合在一起的途径。创建(定义)一个新的类就创建了一种新的对象类型，在类的定义中规定了类具有的属性和方法，创建属于该类型的对象之后或在创建对象的同时可以为对象指定相应属性的具体值。每一个类的实例(对象)有一些属性来保持它的状态，类的实例也可以有一些在创建类时所定义的一些方法，用以改变它的状态。

与其他程序设计语言相比，Python 语言的面向对象机制尽量减少了新的语法，它是基于 C++和 Modular－3 的面向对象机制。

2. 对象

对象(object)表示现实世界中可以明确标识的一个实体。例如，一个学生、一支笔、一个文件、一个零件都可以看作是一个对象。每个对象都有自己独特的属性和行为。属性(attribute)是描述对象静态特征的，行为(behavior)是描述对象动态特征的。对象的属性是指那些具有它们当前值的数据域；对象的行为，是由方法定义的。调用对象的一个方法就是要求对象完成一个动作。对象的简单模型可以表示为：对象＝数据＋方法。

在程序设计语言中，类定义了属性(数据)和行为(方法)的模板。创建了类之后就可以创建该类的对象，一个具体的对象称为类的一个实例(instance)。例如，学生是对所有种类的学生的抽象，某个学生“张强”可以看作是学生类型的一个实例。

3. 继承

继承(inheritance)是代码重用的重要手段，子类基于父类进行定义，子类自动具有了父类拥有的属性称为继承。世界万物既有相似性，又有多样性。通过继承机制，可以达到相似性与多样性的统一。

在程序设计过程中应先定义父类，然后通过继承的方式定义子类，子类将从父类那里获得所有的属性和方法，并且可以对这些获得的属性和方法加以改造，使之具有自己的特点。例如，“人”类的定义包含姓名、性别、出生日期等属性，还可以包含走路、说话、唱歌等方法。对“学生”类，可能还应该增加学校、入学时间、成绩等属性，也可能增加选课、考试等方法。

Python 语言提供了面向对象程序设计所有的标准特性：类的继承机制允许多继承，子类可以覆写父类的任何方法，子类的方法可以使用同样的方法名调用父类的方法。

4. 基于消息的通信

基于消息的通信(communication with message)是面向对象软件中对象之间交互的途径，是对象之间建立的一种通信机制。

对象作为一个独立的个体，需要在整体中发挥作用。那么，对象和对象值之间是如何进行通信的呢？各个对象之间通过消息相互联系、相互作用。消息是一个对象要求另一个对象实施某项操作的请求。发送者发送消息，在一条消息中，需要包含消息的接收者和要求接收者执行某项操作的请求，接收者通过调用相应的方法响应消息，这个过程被不断地重复，从而驱动整个程序的运行。

消息通信也是面向对象方法学中的一条重要原则，它与对象的封装原则密不可分。封装使对象成为一些各司其职、互不干扰的独立单位；消息通信则为它们提供了唯一合法的动态联系途径，使它们的行为能够互相配合，构成一个有机的系统。

7.1.3 面向对象的特性

面向对象与面向过程程序设计相比，主要具有以下 3 个显著特征。

(1) 抽象(abstract)：是指强调实体的本质、内在的属性和行为，而忽略一些无关的属性和行为。抽象描述了一个对象的内涵，可以将对象与所有其他类型的对象区分开来。对于给定的问题域决定一组正确的抽象是面向对象设计的核心问题。

(2) 封装(encapsulation)：是指把对象的属性和操作结合成一个独立的系统单位，并尽可能地隐藏对象的内部细节。封装是对象和类的一个基本特性，又称信息隐藏。通过对象的封装性，用户只能看到对象封装界面上的信息，对象内部对用户是透明的，从而有效地实现了模块化功能。封装可以使对象形成接口和实现两个部分，将功能和实现分离，避免错误操作。

(3) 多态(polymorphism)：指同一名字的方法产生了多个不同的动作行为，也就是不同的对象收到相同的消息时产生不同的行为方式。使用多态技术时，用户可以发送一个通用的消息，而实现的细节则由接收对象自行决定，这样同一消息就可以调用不同的方法。将多态的概念应用于面向对象程序设计，增强了程序对客观世界的模拟性，增加了软件系统的灵活性，进一步减少了信息冗余，而且显著提高了软件的可重用性和可扩充性。

7.2 创建类和类的属性

基于以上的程序设计理论，大家对面向对象有了大概的了解，Python 基本上提供了面向对象编程语言的所有元素。下面介绍 Python 是如何进行面向对象编程的。

7.2.1　创建类

在 Python 语言中可以说是“万事万物皆对象”，而对象是通过类创建的，类就像生产产品的图纸或模板。类可以将数据和功能组合在一起。在现实生活中也有很多这样的例子，比如要制造汽车，首先要有图纸，然后按照图纸指定的组件进行制造和组合，可以按照图纸生产出很多一样的汽车。Python 语言中也相似，只要定义好了类，就可以创建很多对象。类的定义描述多个对象的共同特征。

类由 3 部分构成。

(1) 类名：类的名称，通常首字母大写。

(2) 属性：描述事物特征的数据。

(3) 方法：描述事物行为的操作。

类在使用之前必须先定义(也可以在分支结构 if 关键词后的语句中定义，或者在函数中定义)。

创建一个类的格式如下：

```
class 类名:
    类体
```

其中，类名为有效的标识符，类名单词的首字母一般采用大写。类体由缩进的语句块组成。在实践中，一般类定义中的语句通常是函数的定义，类中的函数称为方法，类中包含初始化方法和其他方法。

定义在类体内的元素都是类的成员。类的主要成员包括两种类型，即描述状态的数据成员(属性)和描述操作的函数成员(方法)。

【例 7-1】　定义一个类，类名为 MyClass。

```
#创建类
class MyClass:                  # 创建类的关键字
    i = 12345                   # 定义属性 i
    def f(self):                #定义 f()方法
        return 'hello world'    # f()方法体
```

在该例中，第 2 行中的 “class” 是创建类的关键字，“MyClass”是类名，本行末尾是“:”号；第 3 行、第 4 行分别定义了一个属性 i 和一个 f()方法，第 5 行是其方法体。

再给几个创建类的例子：

```
class Vehicle:
    pass
print(Vehicle)
```

运行结果是：

```
<class '__main__.Vehicle'>
```

该例中定义了一个空类 Vehicle，但是 Python 不允许类为空，所以 pass 用于提示空语句,从而避免错误。为了测试定义的 Vehicle 类,使用了 print 语句,输出的结果提示为:主程序中的 Vehicle 类。

请自行分析下面一段程序:

```
class Dog:
    pass
print(Dog)
```

7.2.2 类属性

当进入一个类的定义后,一个新的命名空间就创建了,成为局部作用域,所以所有的局部变量的赋值就在这个命名空间。当一个类的定义运行正常结束,一个类对象就创建了。类对象对类的定义所确定的命名空间中的内容起到了包装的作用。

类对象支持两种操作:属性引用和初始化。

指向类对象的属性的语法和 Python 中指向属性的语法相同:obj. name。当类对象创建后,类的命名空间中的所有属性都是合法的,都可以通过以上语法使用。

如例 7-1 中 MyClass 的定义,MyClass. i 和 MyClass. f 都是合法的属性引用,分别返回一个整数和一个函数对象,也可以通过对类对象的属性赋值的方式修改属性的值。其中“.”号表示所属关系。__doc__也是合法属性,返回类的描述。

7.2.3 创建对象

类是抽象的,要使用类定义的功能,就必须创建类的对象。创建一个类的对象的过程也称为类的实例化,所以对象都是某个类的实例。Python 使用赋值的方式创建类的实例,其格式如下:

```
对象名 = 类名(参数)
```

例如,创建例 7-1 中 MyClass 类的一个实例对象,代码如下:

```
x = MyClass()
```

创建对象后,可以使用“.”运算符,通过实例对象来访问这个类的属性和方法。例如,x 就是 MyClass 类的一个实例对象,它拥有 MyClass 类所定义的属性和方法,可以通过 x. i, x. f(self)的方式访问该对象的属性和方法。

```
print(x.i)
x.f(self)
```

7.2.4 类属性和实例属性

1. 类属性

类属性也称为类变量,就是在定义类的时候具有的属性,定义在类体中、所有方法之外。

类属性的特点是，所有类的实例化对象都同时共享类属性，也就是说，类属性在所有实例化对象中是作为公用资源存在的。

【例7-2】 类属性示例。

```
# 创建类
class MyClass:
    # 定义类属性 i
    i = 12345
# 创建两个对象 x,y
x = MyClass()
y = MyClass()
print(f'x.i before change:{x.i}')        # 输出的是创建对象后对象 x 中属性 i 的值
print(f'y.i before change:{y.i}')        # 输出的是创建对象后对象 y 中属性 i 的值
MyClass.i = 1212                          # 修改了类属性 i
print(f'x.i after change:{x.i}')         # 输出的是修改了类属性 i 后对象 x 中属性 i 的值
print(f'y.i after change:{y.i}')         # 输出的是修改了类属性 i 后对象 y 中属性 i 的值
```

运行结果：

```
================================
x.i before change:12345
y.i before change:12345
x.i after change:1212
y.i after change:1212
```

例7-2中MyClass类中的变量i就是类属性。查看该程序的运行结果可以看到：第8行和第9行输出的结果是创建对象后对象x和对象y中属性i的值，不同的对象具有相同的类属性。经过第10行修改了类属性i的值后，可以看到第11行和第12行输出的对象x和对象y中的类属性i的值都改变了。

2. 实例属性

实例属性也称为实例变量，是从属于实例对象的属性。实例属性不需要声明，像局部变量一样，它们将在第一次被赋值时产生。

【例7-3】 实例属性示例。

```
class MyClass:
    # 定义类属性 i
    i = 12345
x = MyClass()
y = MyClass()
# 定义实例属性
x.counter = 1
while x.counter < 10:
    x.counter = x.counter * 2
print(x.counter)
# 删除实例属性
del x.counter
```

运行结果：

```
16
```

例 7-3 中，x 是 MyClass 的实例，counter 是实例属性，则以下代码段将打印数值 16，且不保留任何追踪信息。

3. 类属性和实例属性的应用场景

一般来说，实例属性用于每个实例的唯一数据，而类变量用于类的所有实例共享的属性和方法。

【例 7-4】 类属性和实例属性应用示例。

```
class Dog:
    kind = 'Canine'
d = Dog()
e = Dog()
d.name = 'Fido'
e.name = 'Buddy'
print(f'd\'s kind is:{d.kind}')
print(f'e\'s kind is:{e.kind}')
print(f'd\'s name is:{d.name}')
print(f'e\'s name is:{e.name}')
```

运行结果：

```
========================================
d's kind is:Canine
e's kind is:Canine
d's name is:Fido
e's name is:Buddy
```

在例 7-4 中 Dog 类定义了类属性 kind，所有从该类生成的对象都具有相同的类属性 kind，其值为“Canine”。对象 d 和 e 是 Dog 的实体对象，它们具有不同的 name，所以在类定义的时候没有把 name 定义为类属性，而是生成对象后，需要的时候直接使用属性，就像 Python 语言使用变量一样，使用之前可以不定义，直接使用。其实是可以在类的定义中描述对象属性的，这在随后的章节中会介绍。

如果同样的属性名称同时出现在实例和类中，则属性查找会优先选择实例。

【例 7-5】 类属性和实例属性同名应用示例。

```
class Warehouse:
    purpose = 'storage'
    region = 'west'
w1 = Warehouse()
print(w1.purpose, w1.region)
w2 = Warehouse()
w2.region = 'east'
print(w2.purpose, w2.region)
```

运行结果：

```
================
storage west
storage east
```

例 7-5 产生的结果也可以这样理解：当实例对象定义了和创建该对象的类同名的属性时，对象通过“对象名.属性名”的方式访问的就是对象的属性。相当于在对象中创建了一个新的变量。

再看一个例子，请读者自己分析：

```
class Vehicle:
    wheels = 4
x = Vehicle()
print(x.wheels)
x.wheels = 10
print(x.wheels)
print(Vehicle.wheels)
y = Vehicle()
print(y.wheels)
```

运行结果：

```
============================
4
10
4
4
```

类属性和实例属性的区别如表 7-1 所示。

表 7-1　类属性和实例属性的比较

类　属　性	实 例 属 性
所有从该类生成的对象共享	不能共享
所有对象都相同	每一个对象的属性都可能不同
在__init__()方法之外定义	在__init__()方法之内定义
可以通过类名或对象名进行访问	只能通过对象名进行访问

7.3　类的方法

在类中可以定义的另外一种成员称为“方法”，或者称为“行为”。可以说方法是“从属于”对象的函数，执行方法的语法为：“对象名.方法名”。虽然“类名.方法名”的表示符合语法规则，但它并不是用户通常想执行该方法的结果。

在程序设计语言中经常出现函数的概念，函数就是具有一定功能的程序块，在 Python 语言中，在类中定义的和类或对象关联的函数就称为方法。

7.3.1　在类中定义方法

在 MyClass 类中增加一个方法，例如：

```
class MyClass:
    """A simple example class."""
    i = 12345
    def f(self):                # 新增一个方法
        return 'Hello World'
```

可以看到，在类中定义方法的格式为：

```
class 类名:
def 方法名(self,参数 1,参数 2,.. ):
    语句 1
    ......
    语句 N
```

执行如下代码：

```
a = MyClass()
print(a.f())
```

运行结果：

```
====================
Hello World
```

也可以将 MyClass 类中的 f()方法修改为：

```
class MyClass:
    """A simple example class."""
    i = 12345
    def f(self):
        print('Hello World')
```

执行如下代码：

```
a = MyClass()
a.f()
```

运行结果：

```
====================
Hello World
```

方法的参数“self”请先忽略，将在随后的章节中讲解。

7.3.2　类的构造方法

在类定义的方法中有一种特殊的方法，它是类在创建对象时默认先自动执行的方法，该方法具有固定的方法名为__init__(前缀和后缀是两个下画线),如果程序员在类中不定义构造方法则系统默认提供了一个无参的构造方法。构造方法主要目的是创建对象时对其进行初始化,有了构造方法,在创建对象时将对象具有的特征和属性当成参数传递给构造方法将大大提高编码效率。

语法格式:

```
def__init__(self,参数 1,参数 2,...):
    代码块
```

说明:

之前的例子中并没有显式地定义一个构造方法,所以系统默认提供了一个无参的构造方法。参数 1,参数 2,...可以自己定义,实际就是对象的实例属性。

self 参数是 Python 语言规定所有方法必须包含的第一个参数,self 表示类所创建的对象本身,所以将 self 作为方法的第一个参数就完成了对象和方法的绑定,对象在调用方法的时候不需要传入 self 参数,只需要传入参数 1、参数 2 等即可,如果定义的方法只有 self 一个参数,则在调用该方法时不需要传入任何参数。在程序中调用一个具有 n 个参数的方法就相当于调用再多一个参数的对应方法,这个参数值为方法所属实例对象,位置在其他参数之前。

实际上 Python 语言只规定了实例方法的第一个参数必须表示对象本身,并未规定必须使用“self”,所以可以使用任意变量名替换“self”。使用“self”只是程序员们的约定,以便使程序具有更好的可读性。

【例 7-6】 利用构造方法改写 Dog 类示例。

```
class Dog:
    kind = 'Canine'
    def __init__(self,name):
        self.name = name
d = Dog('Fido')
e = Dog('Buddy')
print(f'd\'s kind is:{d.kind}')
print(f'e\'s kind is:{e.kind}')
print(f'd\'s name is:{d.name}')
print(f'e\'s name is:{e.name}')
```

运行结果:

```
=========================
d's kind is:Canine
e's kind is:Canine
d's name is:Fido
e's name is:Buddy
```

通过例 7-6 可以看到,Dog 类的构造方法在创建对象的时候自动执行,构造方法中的语句有 self.name,其实就是定义同时使用了对象的属性 name,并将参数 name 的值赋给 this.name。在创建对象 d 的时候,将 d 的 name 属性赋值为“Fido”,在创建对象 e 的时候,将 e 的 name 属性赋值为“Buddy”,d 和 e 都是从 Dog 类创建的对象,具有相同的属性,但是属性的值不相同。实际上，构造方法中参数的作用就是创建对象的属性。

比较成员方法和构造方法的特点，有如下区别：

(1) 成员方法的方法名可以自定义，但是，构造方法的方法名是固定的__init__。

(2) 成员方法需要被手动调用，但是，构造方法在创建对象的过程中是自动被调用的。

(3) 对于同一个对象而言，成员方法可以被调用多次，但构造方法只能被调用一次。

【例 7-7】 定义复数类 Complex 示例代码。

```
>>> class Complex:
    def __init__(self, realpart, imagpart):
        self.r = realpart
        self.i = imagpart
>>> x = Complex(3.0, -4.5)
>>> x.r, x.i
(3.0, -4.5)
```

7.3.3 方法名的引用

实例对象的有效方法名称依赖于其所属的类。如果 f()方法是在 MyClass 类中定义的方法，x 是 MyClass 类的实例，则 x.f 是一个方法对象，它可以被保存起来以后再调用。例如：

```
class MyClass:
    """A simple example class."""
    i = 12345
    def f(self):
        print('Hello World')
x = MyClass()
xf = x.f
while True:
    print(xf())
```

程序将持续打印 Hello World，直到结束。

7.3.4 方法的不同类型

在 Python 语言中，在类中定义的方法分为 4 种，分别为实例方法、类方法、静态方法和魔法方法。

1. 实例方法(instance methods)

实例方法是只有对象可以访问的方法，该方法的第一个参数必须是实例本身，一般使用 self 表示，不建议使用其他关键字代替。

【例 7-8】 实例方法应用示例。

```
class Student:
    no_of_students = 10
    def __init__(self, name, age):
```

```
        self.name = name
        self.age = age
    def birthday(self):
        self.age += 1
        return f"{self.name} has now turned {self.age}\n" \
            f"{self.no_of_students - 1} students of his" \
            f" class have sent Birthday gifts."
student1 = Student("Chan", 13)
print(student1.birthday())
```

输出结果：

```
==============================
Chan has now turned 14
9 students of his class have sent Birthday gifts.
```

在例 7-8 中，创建了两个实例方法：__init__()方法和 birthday()方法，并在程序中使用"对象名.方法名"调用了 birthday()方法。在实例方法中都有 self 参数，在方法中使用 self 调用其他实例方法或修改对象的属性。birthday()方法访问了对象的 name 属性和 age 属性，并且修改了 age 属性的值；birthday()方法还访问了类属性 no_of_students。

实例方法和对象是绑定的，所以实例方法中的属性不能在对象之间共享，无论对象是否从同一个类创建。

2. 类方法(class methods)

Python 语言中的类方法既可以通过类名使用也可以通过对象名使用，创建类方法需要在方法前加上关键词：@classmethod。

【例 7-9】 为例 7-8 中的 Student 类增加类方法。

```
class Student:
    no_of_students = 10
    def __init__(self, name, age):
        self.name = name
        self.age = age
    def birthday(self):
        self.age += 1
        return f"{self.name} has now turned {self.age}\n" \
            f"{self.no_of_students - 1} students of his" \
            f" class have sent Birthday gifts."
    @classmethod
    def add_a_student(cls):
        cls.no_of_students += 1
    @classmethod
    def total_students(cls):
        return f"Class has {cls.no_of_students} students."
```

执行如下语句：

```
student1 = Student("Chan", 13)
student1.add_a_student()
print(Student.total_students())
```

运行结果：

```
====================================
Class has 11 students.
```

在例 7-9 中增加了两个类方法，并通过方法名访问了 add_a_student()方法，通过类名访问了 total_students()方法。以上的类方法具有相同的参数"cls"，与"self"的情景相似，所有的类方法都应把"cls"作为方法的第一个参数，"cls"指向类，所以它只可以访问和修改类属性。

在 Student 类中，当 total_student()类方法被调用时，它访问类属性并返回一个字符串。add_a_student()类方法使类属性 no_of_students 加 1。

类方法除了用于操作类属性也可用于创建对象，此时常称为"工厂"方法。

【例 7-10】 "工厂"方法示例。

```
import math
class Square:
    def__init__(self, side):
        self.side = side
    @classmethod
    def side_from_area(cls, area):
        side = math.sqrt(area)
        return cls(side)
s1 = Square.side_from_area(16)
print(s1.side)
```

运行结果：

```
============================
 4.0
```

在例 7-10 中，创建了一个类方法，返回值为一个对象。一般来说需要知道正方形的边长才能创建一个"边"对象，但是例 7-10 的 side_from_area()类方法就利用面积而不是边长创建了一个"边"对象。

3. 静态方法(static methods)

静态方法是在方法前加@staticmethod 关键字创建的方法，它与类方法相似，可以被类或对象访问，但静态方法的作用其实是一个完成某项功能的函数，它不仅可以被所在的类使用，而且可以被系统中的任何类使用。

【例 7-11】 在例 7-8 的 Student 类中添加静态方法。

```
class Student:
    no_of_students = 10
    def __init__(self, name, age):
        self.name = name
        self.age = age
    def birthday(self):
        self.age += 1
```

```
        return f"{self.name} has now turned {self.age}\n" \
            f"{self.no_of_students - 1} students of his" \
            f" class have sent Birthday gifts."
    # 添加静态方法
    @staticmethod
    def dob_format(raw_date):
        return raw_date.replace("-", "/")
    def get_dob(self, date):
        formatted_date = self.dob_format(date)
        self.dob = formatted_date
```

执行如下代码：

```
student1 = Student("Chan", 13)
student1.get_dob("11/12/2002")
print(student1.dob)
print(Student.dob_format("14-02-2001"))
```

运行结果：

```
==========================
11/12/2002
14/02/2001
```

例 7-11 中增加了一个 dob_format()静态方法和一个 get_dob()实例方法，实例方法通过实例调用了静态方法。在执行代码中通过类名调用了 dob_format()静态方法。

与类方法和实例方法不同，静态方法没有默认的第一个参数，因为它不修改实例或类的状态。静态方法常作为功能函数使用，它们甚至可以不属于任何类，但是把静态函数定义在类中更合理。

例如，当需要根据边长计算正方形的面积时，不需要生成一个对象来保存面积的值，采用静态方法更方便快捷。

【例 7-12】 根据边长计算正方形的面积。

```
class Square:
    def __init__(self, side):
        self.side = side
    @staticmethod
    def find_area(side):
        return side * side
print(Square.find_area(4))
```

运行结果：

```
=============================
16
```

实例方法、类方法、静态方法的区别如表 7-2 所示。

表 7-2 实例方法、类方法、静态方法的比较

实例方法	类 方 法	静态方法
第一个参数为 self	第一个参数为 cls	—
与对象绑定	与类绑定	与类绑定
通过对象名调用	通过对象名或类名调用	通过对象名或类名调用
没有@开头的关键词修饰	使用@classmethod	使用@staticmethod
类和对象的属性均可修改	只能修改类的属性	类和对象的属性均可修改

4. 魔法方法(magic methods)

魔法方法是指方法名以两个下画线开头,以两个下画线结尾的方法,魔法方法不由用户直接调用,而是由 Python 语言在后台调用。魔法方法都是 Python 自动在类中设置的,用户也可以对其进行覆写。常用的魔法方法如表 7-3 所示。

表 7-3 常用的魔法方法

方 法 名	说 明
__init__()	__ new__()方法在实例化时候,先执行__ new__再执行__ init__
__len__()	返回字符串的长度
__setattr__()	设置方法的属性
__getattr__()	获取对象属性
__delattr__()	删除属性

7.4 作用域和命名空间

7.4.1 作用域和命名空间的概念

作用域和命名空间对于充分理解 Python 的面向对象甚至对高级程序员都是至关重要的。

命名空间就是名字和对象间的映射。在 Python 语言中,大多数情况下命名空间就是字典,但是通常是不被察觉的。命名空间的例子有:一些内置方法名,如 abs()方法;一些表示异常的类名;模块中的全局变量名;方法中的局部变量名等。其实一个对象的属性也可以形成一个命名空间。关于命名空间最重要的是在不同的命名空间中同名的变量或属性没有任何关系;例如,两个不同的模块可能都定义了一个名为 maximize 的方法,但是这两个方法不会混淆,用户必须在该方法前加上模块名作为前缀。

命名空间是在不同的时间创建的,并且有不同的生命周期。保存内置对象的命名空间是在 Python 解释器开始运行的时候载入的,而且永远不会被删除。一个模块的全局命名空间是当模块定义被装载时创建的;通常模块的命名空间也一直持续到解释器退出。被解释器最高层调用执行的语句,无论是通过程序读入或者是交互式读入,都认为是_main_模块的一部分,所以它们有自己的全局命名空间。方法的局部命名空间当方法被调用时被创建,当方法返回值或产生异常且没有被本方法处理时被删除。

作用域就是 Python 程序的一个文本区域，在该范围内的命名空间是可以直接被访问的。虽然范围是静态确定的，但是它是动态使用的。在执行的任何时候，有三四个嵌套的区域，它们的命名空间是可以直接访问的：最内层是最先进行搜索的，它包含局部变量；然后是引入的方法，其中包含的变量既不是局部的也不是全局的；次外层是当前模块的全局变量名；最外层是内置对象、变量或方法名。

作用域是按字面文本确定的：模块内定义的方法的全局作用域就是该模块的命名空间，无论该方法从什么地方或以什么别名被调用。

7.4.2　数据共享和作用域

类变量和实例变量的作用域不同，类变量可以被该类创建的所有对象访问，而实例变量只能被本对象访问，所以类变量可以作为对象之间共享数据的有效形式。但是共享数据可能在涉及可修改对象如列表和字典的时候导致令人意想不到的结果。例如，以下代码中的 tricks 列表不应该被用作类变量，因为所有的 Dog 实例将只共享一个单独的列表。例如：

```
>>> class Dog:
        tricks = []                # 错误使用类变量
        def __init__(self, name):
            self.name = name
        def add_trick(self, trick):
            self.tricks.append(trick)

>>> d = Dog('Fido')
>>> e = Dog('Buddy')
>>> d.add_trick('roll over')
>>> e.add_trick('play dead')
>>> d.tricks
['roll over', 'play dead']
```

注意："roll over""play dead"等技巧本属于不同的 Dog 对象，但是由于数据保存在类变量当中，造成了逻辑错误。正确的类设计应该使用实例变量。例如：

```
>>> class Dog:
        def __init__(self, name):
            self.name = name
            self.tricks = []
        def add_trick(self, trick):
            self.tricks.append(trick)

>>> d = Dog('Fido')
>>> e = Dog('Buddy')
>>> d.add_trick('roll over')
>>> e.add_trick('play dead')
>>> d.tricks
['roll over']
>>> e.tricks
['play dead']
```

7.5 类的继承

在 Python 语言中，类的定义可以建立在其他类的基础上，称为继承，实现继承的类称为子类(也称为派生类)，被继承的类称为父类(也可称为基类、超类)。Python 语言支持多继承，即一个子类可以同时继承多个父类。类的继承是代码重用的重要形式。

7.5.1 子类的定义

子类继承父类时，只需在定义子类时，将父类(可以是多个)放在子类之后的小括号里即可。语法格式如下：

```
class 子类名(父类 1,父类 2,…):
    <语句 1>
    ……
    <语句 N>
```

【例 7-13】 类的继承示例。

```
class People:
    def say(self):
        print("我是一个人,名字是:",self.name)
class Animal:
    def display(self):
        print("人也是高级动物")
#同时继承 People 和 Animal 类
#其同时拥有 name 属性、say()方法和 display()方法
class Person(People, Animal):
    pass
zhangsan = Person()
zhangsan.name = "李四"
zhangsan.say()
zhangsan.display()
```

执行结果：

```
=================================
我是一个人,名字是: 李四
人也是高级动物
```

可以看到，虽然 Person 类为空类，但由于其继承自 People 和 Animal 这两个类，因此实际上 Person 类并不空，它同时拥有这两个类所有的属性和方法。

父类必须定义于包含子类定义的作用域中，也允许用其他任意表达式代替父类名称所在的位置。例如，当父类定义在另一个模块中时：

```
class 子类名(模块名.父类):
```

子类定义的执行过程与父类相同。当构造类对象时，父类会被记住。此信息将被用来

解析属性引用：如果请求的属性在类中找不到，搜索将转往父类中进行查找。如果父类本身也派生自其他某个类，则此规则将被递归地应用。

子类继承了父类除构造方法之外的所有成员。

Python 有两个内置方法可被用于继承机制：

(1) 使用 isinstance(object, classinfo)来检查一个实例的类型，如果对象的类型与参数二的类型(classinfo)相同则返回 True，否则返回 False。

(2) 使用 issubclass(class, classinfo) 来检查类的继承关系，即用于判断参数 class 是否是类型参数 classinfo 的子类。

7.5.2　子类的构造方法

如果子类没有定义构造方法，创建对象时会自动调用父类的构造方法。当父类的构造方法有参数时，子类必须要写构造方法。如果子类定义构造方法，为避免可能出现的错误，应该在其构造方法中调用父类的构造方法。调用格式如下：

```
父类名.__init__(self, 参数列表)
```

【例 7-14】 子类构造方法中调用父类构造方法示例。

```
class Person:
    def __init__(self,name,age):
        self.name = name
        self.__age = age
    def say_age(self):
        print("年龄是:",self.__age)
class Student(Person):
    def __init__(self,name,age,grade):
        self.grade = grade
        Person.__init__(self,name,age)
s = Student('张宏',18,1)
s.say_age()
```

运行结果：

```
============================
年龄是: 18
```

该例中子类构造方法中包含调用父类构造方法，子类并不会自动调用父类的__init__()方法，必须显式地调用它。

7.5.3　super()方法

在子类中，如果想要获得父类的方法，可以通过 super()方法来获取。super()方法代表父类的定义，不是父类对象。

在 Python 3.x 中，super()方法的语法格式如下：

```
super().__init__(...)
```

【例 7-15】 super()方法使用示例。

```
class People:
    def __init__(self,name):
        self.name = name
    def say(self):
        print("我是人,名字为:",self.name)
class Animal:
    def __init__(self,food):
        self.food = food
    def display(self):
        print("我是动物,我吃",self.food)
class Person(People, Animal):
    #自定义构造方法
    def __init__(self,name,food):
        #调用 People 类的构造方法
        super().__init__(name)
        #调用其他父类的构造方法,需手动给 self 传值
        Animal.__init__(self,food)
per = Person("王二","熟食")
per.say()
per.display()
```

运行结果:

```
==============================
我是人,名字为: zhangsan
我是动物,我吃 熟食
```

也可以使用未绑定方法调用 People 类构造方法,如把例 7-15 中第 15 行代码改写为如下语句,执行效果相同。

```
People.__init__(self,name)          #使用未绑定方法调用 People 类构造方法
```

7.5.4 Python 的多继承机制

Python 语言支持多重继承,一个子类可以继承多个父类。继承的语法格式如下:

```
class 子类类名(父类 1[,父类 2,...]):
    类体
```

如果在类定义中没有指定父类,则默认父类是 object 类。也就是说,object 是所有类的父类,object 类定义了一些所有类共有的默认实现,如__new__()方法。

当类中的方法访问的属性或方法在该类中没有定义时,对于多数应用来说,在最简单的情况下,可以认为搜索从父类所继承属性的操作是深度优先、从左至右的,当层次结构中存在重叠时,不会在同一个类中搜索两次。因此,如果某一属性在子类中未找到,则会到父类 1 中搜索它,然后(递归地)到父类 1 的父类中搜索,如果在那里未找到,再到父类 2 中搜索,以此类推。

7.6 私有成员

Python 中并没有"private"关键词来限定只允许实例内部访问的"私有"变量。但是，Python 代码都约定：带有 1 个下画线的名称（例如_spam）应该当作非公有部分（无论它是函数、方法或是数据成员）。

例如：

```
class CounterDemo:
    _privateCount = 0                 # 私有变量
    publicCount = 0                   # 公开变量
    def count(self):
        self._privateCount += 1
        self.publicCount += 1
        print (self.__privateCount)
counter = CounterDemo()
counter.count()
print (counter.publicCount)
print (counter._privateCount)         # 不规范的使用方法
```

由于存在对于类私有成员的有效使用场景（例如避免名称与子类所定义的名称相冲突），因此存在对此种机制的有限支持，称为名称改写。任何形式为 __spam 的标识符（至少带有两个前缀下画线，至多一个后缀下画线）的文本将被替换为_classname__spam，其中 classname 为去除了前缀下画线的当前类名称。这种改写不考虑标识符的句法位置，只要它出现在类定义内部就会进行。名称改写有助于让子类重载方法而不破坏类内的方法调用。

【例 7-16】 私有成员的使用示例。

```
class Mapping:
    def __init__(self, iterable):
        self.items_list = []
        self.__update(iterable)
    def update(self, iterable):
        for item in iterable:
            self.items_list.append(item)
    __update = update    # private copy of original update() method
class MappingSubclass(Mapping):
    def update(self, keys, values):
    # provides new signature for update()
    # but does not break __init__()
    for item in zip(keys, values):
        self.items_list.append(item)
```

上面的示例即使在 MappingSubclass 引入了一个 __update 标识符的情况下也不会出错，因为它会在 Mapping 类中被替换为 _Mapping__update 而在 MappingSubclass 类中被替换为 _MappingSubclass__update。

7.7 方法重写

子类继承了父类中的方法和属性，如果在子类中定义了和父类方法名相同、参数也相同的方法就相当于重新定义了父类中的方法，这样就会覆盖父类的方法，也称为方法“重写”或“覆写”。重写机制是为了满足子类想要修改父类已经定义的行为。

【例 7-17】 方法重写使用示例。

```
#定义鸟类
class Bird:
    # 鸟有翅膀
    def isWing(self):
        print("鸟有翅膀")
# 鸟会飞
def fly(self):
    print("鸟会飞")
#定义鸵鸟类
class Ostrich(Bird):
    # 重写 Bird 类的 fly()方法
    def fly(self):
        print("鸵鸟不会飞")
# 创建 Ostrich 对象
ostrich = Ostrich()
# 调用 Ostrich 类中重写的 fly() 类方法
ostrich.fly()
```

运行结果：

```
鸵鸟不会飞
```

鸟通常是有翅膀的，也会飞，因此例 7-17 中定义了父类：鸟类；对于鸵鸟来说，它虽然也属于鸟类，也有翅膀，但是它只会奔跑，并不会飞，针对这种情况，定义了子类：鸵鸟类，因为 Ostrich 类继承自 Bird 类，因此 Ostrich 类拥有 Bird 类的 isWing()方法和 fly()方法。其中，isWing()方法同样适合 Ostrich 类，但 fly()方法明显不适合，因此在例 7-17 中 Ostrich 类对 fly()方法进行重写，Ostrich 类调用的是重写之后的 fly()类方法。所以在子类对象调用该方法时就调用了子类定义的方法而不是父类定义的同名方法。

7.8 关于方法重载

在面向对象程序设计中，方法的重载是指在一个类中方法名相同但是参数类型或者数量不同的现象。有些面向对象程序设计语言中支持这一做法。但是在 Python 语言中，没有方法重载。如果用户定义两个方法名相同但是参数类型不同的方法，则后定义的方法起作用，相当于覆盖了之前的定义。例如：

```
class Car:
    def drive(self):                # Old method
        print("Driving")
```

```
    def drive(self, speed):                # new method
        self.speed = speed
        print(f"Driving at {self.speed} km/h")
car1 = Car()
car1.drive()
```

运行结果：

```
TypeError: drive() missing 1 required positional argument: 'speed'
```

这说明，后定义的 drive()方法包含两个参数，调用时必须传入一个参数，而之前定义的方法没有起作用。

本章习题

一、填空题

1. 在 Python 语言中，可以使用________关键字声明一个类。
2. 类的实例方法中必须有一个________参数，位于参数列表的开头。Python 语言提供了名称为________的构造方法，以让类的对象完成初始化。
3. 表达式 isinstance('abc',str)的值为________。
4. 构造方法的作用是________。
5. 定义一个类的“私有”属性，Python 的惯例是使用________开始属性的名称。

二、判断题

1. 创建对象是通过调用构造方法完成的。(　　)
2. 位于对象中的方法称为实例方法。(　　)
3. 对于 Python 语言类中的私有成员，可以通过“对象名._类名_私有成员名”的方式来访问。　(　　)
4. 在子类中可以通过“父类名.方法名()”的方式调用父类中的方法。　(　　)
5. Python 语言支持多继承，如果父类中有相同的方法名，而在子类中调用时没有指定父类名，则 Python 语言解释器将从左向右按顺序进行搜索。　(　　)

三、程序阅读题

1. 下面程序的执行结果是________。

```
class A:
    def __init__(self):
        self.i = 1
    def m(self):
        self.i = 10
class B(A):
    def m(self):
        self.i += 1
        return self.i
```

```
def main():
    b = B()
    print(b.m())
main()
```

2. 下面程序的执行结果是________。

```
class A:
    def __init__(self,i = 1):
        self.i = 1
class B(A):
    def __init__(self,j = 2):
        super().__init__()
        self.j = j
def main():
    b = B()
    print(b.i,b.j)
main()
```

3. 下面程序的执行结果是________。

```
class A:
    def __init__(self):
        self.x = 1
        self.__y = 1
    def getY(self):
        return self.__y
def main():
    a = A()
    a.__y = 45
    print(a.getY())
main()
```

四、程序设计题

1. 设计一个Circle(圆)类,包括圆心位置、半径、颜色等属性。编写构造方法和其他方法,计算周长和面积。编写程序验证所设计的功能。

2. 设计一个Student类,此类的对象有属性name、age、score,用来保存学生的姓名、年龄、成绩。

(1) 编写一个名为input_student()的方法,读入n个学生的信息,用对象来存储这些信息(不用字典),并返回保存对象的列表。

(2) 编写一个名为output_student()的方法,打印这些学生信息(格式不限)。

3. 设计一个名为Stock的类,表示一个公司的股票,它包括:

(1) 一个名为symbol的私有字符串变量,表示股票的代码。

(2) 一个名为name的私有字符串变量,表示股票的名字。

(3) 一个名为preClosingPrice的私有浮点型变量,存储前一天的股票收盘价格。

(4) 一个名为cur Price的私有浮点型变量,存储当前的股票价格。

(5) 一个构造方法,创建一个具有特定股票代码、名字、前一天收盘价格和当前价格的股票。

(6) 一个返回股票代码的 get()方法。

(7) 一个返回股票名字的 get()方法。

(8) 获取和设置股票前一天收盘价格的 get()方法和 set()方法。

(9) 获取和设置股票当前价格的 get()方法和 set()方法。

(10) 一个名为 getChangePercent()的方法，返回从 preClosingPrice 到 curPrice 所改变的百分比(涨幅)。

请按照(1)～(10)要求编写 Stock 类。同时编写一个测试程序，通过 Stock 类创建一个股票对象，这支股票的代码是 10001，它的名字是平头哥芯片，前一天的收盘价为 62.82 元，当前价格是 70.32 元，并且显示这支股票的股票名字、前一天收盘价、当前价和当前的涨幅。

输入样例：(注：加下画线的内容为运行后用户输入的)

```
输入代码: 10001
输入名称: 平头哥芯片
昨日收盘价: 62.82
当前价: 70.32
```

输出样例：

```
股票代码: 10001
股票名称: 平头哥芯片
昨日收盘价: 62.82
当前价: 70.32
当前涨幅: 11.94%
```

第8章

异常处理

CHAPTER 8

本章学习目标

- 掌握异常的概念。
- 理解并掌握 Python 的异常处理技术。
- 掌握用户自定义异常程序。

程序编写和运行过程中，出现错误和异常是不可避免的。程序错误(bug)，是指在软件运行中因为程序本身有错误而造成的功能不正常、死机、数据丢失、非正常中断等现象。导致程序异常的原因有很多。如除零、下标越界、文件不存在、网络异常、类型错误、名字错误、字典键错误、磁盘空间不足等。异常处理(错误处理)是指程序运行时处理出现的任何意外或异常情况的方法。

8.1　错误与异常

程序在运行过程中，总会遇到各种各样的错误。有的错误是程序编写有问题造成的，例如本来应输出整数，结果输出字符串，这种错误通常称为 bug，bug 是必须要修复的。有的错误是用户输入造成的，例如让用户输入 E-mail 地址，结果得到一个空字符串，这种错误可以通过检查用户输入来做相应的处理。还有一类错误是完全无法在程序运行过程中预测的，例如写入文件时，磁盘满了，写不进去，或从网络抓取数据，网络突然断掉。这类错误也称为异常，在程序中通常是必须处理的，否则程序会因为各种问题终止并退出。

通常程序错误可以分为语法错误、逻辑错误和运行错误。

1. 语法错误

语法错误是指程序源代码中拼写语法错误，这些错误导致 Python 编译器无法把源代码转换为字节码，故也称为编译错误。程序中包含语法错误时，编译器将显示 SyntaxError 错误信息。

2. 逻辑错误

逻辑错误是指程序可以执行(程序运行本身不报错)，但执行结果不正确。对于逻辑错误，Python 解释器无能为力，需要读者根据结果来调试判断。

3. 运行错误

运行错误是指程序在解释执行过程中产生的错误，又称为异常。程序在运行时，如果 Python 解释器遇到一个错误，会停止程序的执行，并且提示一些错误信息，这就是异常。程序停止执行并且提示错误信息，这个动作通常称为抛出异常。

严格来讲，语法错误和逻辑错误不属于异常，但有些语法错误往往会导致异常。

异常代表一个事件，会在程序运行(或脚本执行)过程中发生，原因是错误或环境变化等导致程序无法完成运行。当异常发生时，如果不进行处理，程序会显示错误信息并中止运行。错误信息以红色突出显示，其中包含着异常文件路径、异常代码行号、异常代码、异常类型和异常内容提示等部分。

8.2　捕获并处理异常

程序一旦发生异常，需要对其进行处理，否则程序会中止运行。Python 提供强大的异常处理机制，能够准确反馈错误信息，指明错误发生的位置及原因，同时提供多种对异常的处理办法，允许在一些可预见会引发异常的地方，给出应对方案。这种异常处理机制已经成为当前许多程序设计语言处理错误的标准模式。

8.2.1　try…except 语句

try…except 语句是 Python 异常处理中用得最多的一个语句。其语法格式为：

```
try:
    <try 语句块>                              # 被监控的语句
except 异常类名/Exception [as reason]: # except 子句可以在异常类名字后指定一个变量
    <except 语句块>                           # 处理异常的语句
```

说明：

(1) 冒号“:”不可缺少，这里为英文半角冒号。

(2) 〈try 语句块〉放置可能出现异常的语句。

(3) 〈except 语句块〉放置发生异常类名/Exception 指定的异常时所执行的语句。

try…except 语句的执行过程为：程序执行过程中一旦遇到 try 子句，便在上下文中做好标记，然后执行〈try 语句块〉；如果〈try 语句块〉执行过程中没有产生异常，则 except 子句被忽略，顺利通过整个 try…except 语句，否则如果发生 except 预期的异常，则开始执行〈except 语句块〉来处理异常，之后结束整个 try…except 语句。

当需要捕获所有异常时，可以使用 BaseException。但是，不建议这样处理。

```
try:
    <try 语句块>                              # 被监控的语句
except BaseException as be:                   # 不建议这样做
    <except 语句块>                           # 处理所有错误
```

Python 中的标准异常名称及解释如表 8-1 所示。

表 8-1　Python 中标准异常名称及解释

序号	异 常 名 称	异常简单解释
1	ArithmeticError	数值运算错误基类
2	AssertionError	断言失败
3	AttributeError	无属性错误
4	BaseException	异常基类
5	DeprecationWarning	弃用特性警告
6	EOFEror	到达文件结尾错误
7	EnvironmentError	操作系统错误基类
8	Exception	一般错误基类
9	FileNotFoundError	找不到文件错误
10	FloatingPointError	浮点运算错误
11	FutureWarning	语义改变警告
12	GeneratorExit	生成器异常退出
13	ImportError	导入失败
14	IndentationError	缩进错误
15	IndexError	索引错误
16	IOError	输入/输出错误
17	KeyboradInterrupt	中断执行
18	KeyError	无效键错误
19	LookupError	无效数据查询基类
20	MemoryError	内存溢出错误
21	NomeError	未声明/初始化对象

续表

序号	异 常 名 称	异常简单解释
22	NotImplementedError	未重写方法错误
23	OSError	操作系统错误
24	OverflowError	数值运算超限
25	OverflowWarning	自动提升长整型的警告
26	PendingDeprecationWarning	特性废弃警告
27	ReferenceError	弱引用试图访问已回收的对象
28	RuntimeError	一般运行错误
29	RuntimeWarning	运行行为警告
30	StandardError	内建标准异常基类
31	StopIteration	迭代器已迭代完成
32	SyntaxError	语法错误
33	SyntaxWarning	语法警告
34	SystemError	一般解释器系统错误
35	SystemExit	解释器请求退出
36	TabError	Tab 键与空格键混用
37	TypeError	类型错误
38	UnboundLocalError	访问未初始化的本地变量
39	UnicodeError	Unicode 相关错误
40	UnicodeDecodeError	Unicode 解码错误
41	UnicodeEncodeError	Unicode 编码错误
42	UnicodeTranslateError	Unicode 转换错误
43	UserWarning	用户代码警告
44	ValueError	参数错误
45	Warning	警告的基类
46	WindowsError	系统调用失败
47	ZeroDivisionError	除数为零

【例 8-1】 输入两个数 x 和 y，输出并打印 x/y，要求能捕获处理除数 y 为 0 的情况。

```
print("输入两个数 x 和 y,输出打印 x/y!")
while True:
    x = float(input("请输入被除数 x:"))
    y = float(input("请输入除数 y:"))
    try:
        print(x/y)
        break
    except ZeroDivisionError:
        print("除数 y 不能为 0!请重新输入")
```

运行结果：

```
================================
输入两个数 x 和 y,输出打印 x/y!
请输入被除数 x: 100
请输入除数 y: 0
除数 y 不能为 0!请重新输入
```

```
请输入被除数 x: 100
请输入除数 y: 50
2.0
```

本例中,两个数 x 和 y 由用户交互输入,编写程序时无法预知用户会输入怎样的数,如若用户输入的 y 值为 0,则违背除法的基本规则,将提示异常 ZeroDivisionError,并结束程序运行。这种情况可以预见,一旦出现这种异常,可以将其捕获,即便无法对其采取补救措施,至少能给出更明确的提示。

8.2.2 try…except…else 语句

在 try…except 语句中,如果〈try 语句块〉并没有发生异常,则 except 子句被跳过,结束 try…except 语句。但是有时会希望为正确执行的〈try 语句块〉做些补充操作或阶段性提示,则需要用 else 子句。else 子句的用法与 if…else 中类似,如果发生 expect 预期的异常,则执行对应语句块,否则执行 else 后的〈else 语句块〉。

try…except…else 语句的语法格式为:

```
try:
    <try 语句块>                    #被监控的语句
except 异常类名/Exception [as reason]:
    <except 语句块>                 #处理 Exception 异常的语句
else:
    <else 语句块>                   #如果没有异常执行的语句
```

try…except…else 语句执行过程:如果 try 范围内捕获异常,则执行〈except 语句块〉;如果 try 范围内没有捕获异常,则执行〈else 语句块〉。

【例 8-2】 要求用户必须输入列表中元素的序号,否则重新输入。

```
slist = ["China","America","England","France"]
while True:
    m = input("请输入列表中字符串元素的索引号:")
    try:
        m = int(m)
        print(slist[m])
    except IndexError:
        print("列表元素下标越界,请重新输入")
    else:
        break
```

运行结果:

```
==============================
请输入列表中字符串元素的索引号: 5
列表元素下标越界,请重新输入
请输入列表中字符串元素的索引号: 3
France
```

【例 8-3】 要求用户必须输入整数，否则重新输入。

```
while True:
    n = input("请输入一个整数:")
    try:
        n = int(n)
    except Exception as be:
        print("输入的是非整数,请重新输入!")
    else:
        print(f"用户输入整数:{n}")
        break
```

运行结果：

```
==============================
请输入一个整数: 12.3
输入的是非整数,请重新输入!
请输入一个整数: 123
用户输入整数: 123
```

8.2.3　try…except…finally 语句

在程序运行的最后，经常需要一些标志性的操作行为，例如关闭文件、释放资源等清理工作。这些操作无论是否发生或捕捉过异常，都需要被执行，称为终止行为，这时会用 try…except…finally 语句。

try…except…finally 语句的语法格式为：

```
try:
    <try 语句块>                    # 被监控的语句
except 异常类名/Exception1:
    <except 语句块 1>               # 处理 Exception1 异常的语句
except 异常类名/Exception2:
    <except 语句块 2>               # 处理 Exception2 异常的语句
except 异常类名/Exception3:
    <except 语句块 3>               # 处理 Exception3 异常的语句
… …
finally:
    <finally 语句块>
```

try…except…finally 语句的执行过程为：程序运行时，try 子句中〈try 语句块〉如果没发生异常，执行完毕后跳转到 finally 子句中执行〈finally 语句块〉；如果发生异常，根据 except 子句自上而下匹配引发的异常并处理，然后去 finally 子句中执行〈finally 语句块〉，运行结束后才重新引发匹配不成功的异常。

〈finally 语句块〉始终在执行完〈try 语句块〉和〈except 语句块〉之后执行，而与是否引起异常或是否找到与异常类型匹配的〈except 语句块〉无关。

【例 8-4】 下面语句在执行完〈try 语句块〉和〈except 语句块〉之后执行〈except 语句块〉。

```
>>> try:
...     100/0
... except:
...     print(100)
... finally:
...     print(200)
100
200
```

如果 try 子句中的异常没有被捕获处理,或者 except 子句和 else 子句中的代码出现异常,则这些异常将会在 finally 子句执行完后再次抛出。例如,下面的语句 100/0 在 finally 子句 print(200)执行完成后再次抛出。

```
>>> try:
...     100/0
... finally:
...     print(200)
200
ZeroDivisionError: division by zero
```

finally 子句中的代码也可能会抛出异常。例如,下面语句以只读方式打开一个不存在的文本文件,finally 子句中关闭文件对象的代码将会抛出异常从而导致程序终止运行。

```
>>> try:
...     ff = open("test.txt")
...     line = ff.readline()
...     print(line)
... finally:
...     ff.close()
NameError: name 'ff' is not defined
```

【例 8-5】 try…except…finally 语句结构示例。

```
def divide(x,y):
    try:
        result = x/y
    except ZeroDivisionError:
        print("division by zero!")
    else:
        print("result is",result)
    finally:
        print("executing finally clause!")
divide(2,1)
divide(2,0)
divide("2","1")
```

运行结果:

```
===============================
result is 2.0
executing finally clause!
```

```
division by zero!
executing finally clause!

executing finally clause!
TypeError: unsupported operand type(s) for /: 'str' and 'str'
```

8.3　抛出异常和自定义异常

8.3.1　如何抛出异常

异常表示一种非正常的执行状态，它不仅可以因为程序运行时出现错误而被动地引发，也可以由用户选择合适的时机主动抛出，使用的语句是 raise。

异常抛出的语句语法格式为：

```
raise[异常对象|异常类[(描述信息)]]
```

说明：

(1) 当某个异常对象已存在时，可直接抛出。

(2) raise 后接异常类名称时，会隐式创建一个异常类的对象并抛出。

(3) 不带任何参数的 raise 表示重新抛出刚刚发生的异常。

【例 8-6】 异常抛出 raise 语句示例。输入语文、数学、英语三门课成绩，求平均分，要求能够一次执行多次计算。

```
while True:
    try:
        sum_score = 0
        chinese = int(input("请输入语文成绩:"))
        math = int(input("请输入数学成绩:"))
        english = int(input("请输入英语成绩:"))
        score = (chinese,math,english)
        for n in score:
            if n < 0 or n > 100:
                raise TypeError
            sum_score = sum_score + n
        print("平均成绩:",sum_score/3)
    except TypeError:
        print("成绩范围为 0～100!")
    except ValueError:
    print("输入不正确,需要重新输入!")
    flag = input("再次计算,请按 Y/y:")
    if flag!= "Y" and flag!= "y":
        break
```

运行结果：

```
================================
请输入语文成绩: 102
```

```
请输入数学成绩: 0
请输入英语成绩: 78
成绩范围为 0~100!
再次计算,请按 Y/y:y
请输入语文成绩: 98
请输入数学成绩: 87
请输入英语成绩: 106
成绩范围为 0~100!
再次计算,请按 Y/y:Y
请输入语文成绩: 98
请输入数学成绩: 87
请输入英语成绩: 89
平均成绩: 91.33333333333333
再次计算,请按 Y/y:
```

8.3.2 用户自定义异常

例 8-6 程序中,当分数范围不在 0～100 时,用户主动抛出 TypeError 异常,将被每一个 except 捕获。而内置异常 TypeError 的含义是类型错误,并不与实际情况对应。事实上,并没有一个内置异常对应着输入数据不在 0～100 范围内这种情况。此时,可以通过自定义异常为某种特殊情况专门命名一个异常类。

except 子句中以异常类名称作为分支匹配的依据,因此允许用户自建异常类能够带来更丰富的异常处理层次。自定义异常类一般继承于 Exception 或其子类。自定义异常类的命名规则一般以 Error 或 Exception 为后缀。

【例 8-7】 创建自定义异常(NumberError.py),捕获和处理程序中的数据异常情况。例如,学生单科成绩范围必须为 0～100。

```
class NumberError(Exception):                #自定义异常类,继承于 Exception
    def __init__(self,data):
        Exception.__init__(self,data)
        self.data = data
    def __str__(self):                       #重载__str__方法
        return self.data + ":非法数值(0 < or > 100)"
def sum(cj):
    sum = 0
    for n in cj:
        if n < 0 or n > 100:raise NumberError(str(n))
        sum += n
    return sum
#测试代码
cj1 = (50,78,90,80,65)
print("总分 = ",sum(cj1))
cj2 = (-50,78,90,80,65)
print("总分 = ",sum(cj2))
```

运行结果：

```
================================
总分 = 363

NumberError: - 50:非法数值(0 < or > 100)
```

8.4　断言处理

断言是一种比较特殊的异常处理方式，在形式上比异常处理结构要简单一些。

程序编写时，通常在调试阶段需要判断代码执行过程中变量的值等信息。例如，判断对象是否为空，数值是否为负数。

通常，断言用于下列三种情况。

(1) 前置条件断言：代码执行之前必须具备的特性。

(2) 后置条件断言：代码执行之后必须具备的特性。

(3) 前后不变断言：代码执行前后不能变化的特性。

断言的主要功能是帮助程序员调试程序，以保证程序运行的正确性。通常，断言放在开发调试阶段使用，即调试模式时断言有效，优化模式运行时，自动忽略断言。

断言语句的语法格式：

```
assert <布尔表达式>[,<字符串表达式>]
```

其中，〈布尔表达式〉结果是一个布尔值(True 或 False)，〈字符串表达式〉是断言失败时输出的失败消息。

调试过程中，如果〈布尔表达式〉为真，则什么都不做；否则抛出 AssertionError 异常对象实例。

Python 解释器包括两种运行模式：调试模式和优化模式。通常 Python 运行在调试模式，内置只读变量__debug__为 True，程序中 assert 断言语句可以帮助程序调错。当 Python 脚本以-O 选项编译为字节码文件时(即 python. exe -O)是优化模式，此时内置只读变量__debug__为 False，assert 语句将被移除以提高程序运行速度。

断言语句和异常处理结构经常结合使用。

【例 8-8】 断言处理语句示例。

```
x = float(input("请输入被除数 x:"))
y = float(input("请输入除数 y:"))
assert y!= 0,"除数不能为 0!"
z = x/y
print(x,"/",y," = ",z)
```

运行结果：

```
================================
请输入被除数 x: 10
```

```
请输入除数 y: 0
    assert y!= 0,"除数不能为 0!"
AssertionError: 除数不能为 0!
```

本章习题

一、填空题

1. 通常程序错误可以分为________、________和运行错误。
2. 程序中包含语法错误时,解释器将在程序运行时抛出________错误信息。
3. 异常处理结构包括________、________、________ 和 else 等 4 个子句。
4. 自定义异常类一般继承于________或其子类。
5. 自定义异常类的命名规则一般以________或________为后缀。
6. Python 解释器包括两种运行模式:________和________。

二、判断题

1. 严格来讲,语法错误和逻辑错误不属于异常,但有些语法错误往往会导致异常。( )
2. try…except 语句中,〈except 语句块〉是被监控的语句。( )
3. 当需要捕获所有异常时,通常使用 BaseException 进行处理。( )
4. SyntaxError 表示语法错误。( )
5. 异常表示一种非正常的执行状态,它不仅可以因为程序运行时出现错误而被动地引发,也可以由用户选择合适的时机主动抛出。( )
6. 通常,断言放在开发调试阶段使用,即调试模式时断言有效,优化模式运行时,自动忽略断言。( )

三、程序阅读题

1. 下面程序的执行结果是________。

```
x = "abc"
try:
    print(f"x:{int(x)}")
except ValueError:
    print("非数字字符串!")
```

2. 下面程序的执行结果是________。

```
x = 0
try:
    100/x
except:
    print(100)
```

```
finally:
    print(200)
```

3. 下面程序的执行结果是________。

```
def divide(x,y):
    try:
        result = x/y
    except ZeroDivisionError:
        print("division by zero!")
    else:
        print("result is",result)
    finally:
        print("execrting finally clause!")
divide(10,0)
```

4. 下面程序的执行结果是________。

```
demo = (50,60,70,80,90,100)
sum = 0
try:
    for n in demo:
        if n < 0: raise ValueError(str(n) + "为负数")
        sum += n
    print("合计 = ",sum)
except Exception:
    print("发生异常!")
except ValueError:
    print("数值不能为负!")
```

四、程序设计题

1. 设 10 个学生成绩已存于列表[87,56,92,75,83,61,95,74,8,82]中，要求程序能够查询列表中第 n 个学生的成绩，且能够捕获处理用户输入带来的异常。

2. 输入一个数 x，输出打印其平方根，要求能捕获处理 x 不能为负数的情况。

3. 自定义一个异常类，能够捕获处理程序中数据异常情况。例如，年龄必须在 18～60 之间。

第三部分

应用篇

第9章

Turtle绘制图形

CHAPTER 9

本章学习目标

- 掌握 Turtle 绘图库的基本原理。
- 掌握 Turtle 库的画布、画笔和绘图命令的使用。
- 能够运用 Turtle 库设计绘图图形。
- 理解 Turtle 坐标系原理。

绘图是每一种编程语言的基本功能,该功能可以实现不同图形的绘制。绘图设计需要了解基本的概念包括画布、画笔和各种命令及属性,了解这些 api 才能绘制出漂亮的图案。

本章先从绘图基本概念引入画图的画布等基本 api 的应用,同时介绍计算机绘图坐标的基本概念及坐标点的确定方法,最后给出 Turtle 库的使用示例,方便读者学习。

9.1 Turtle 绘图基础

Turtle 库是 Python 语言中一个很流行的绘制图像的函数库，想象一只小乌龟，在一个横轴为 x、纵轴为 y 的坐标系原点(0,0)位置开始，它根据一组函数指令的控制，在这个平面坐标系中移动，从而在它爬行的路径上绘制出了图形。

9.1.1 画布

画布(canvas)是 Turtle 用于绘图的区域，用户可以设置它的大小和初始位置。

1. 设置画布大小

```
turtle.screensize(canvwidth = None, canvheight = None, bg = None)
```

参数分别对应画布的宽(单位像素)、高、背景颜色。代码如下：

```
turtle.screensize(1000,800, "red")
turtle.screensize()              #返回默认大小(500, 400)
```

2. 初始位置

```
turtle.setup(width = 0.5, height = 0.75, startx = None, starty = None)
```

参数：width，height：输入宽和高为整数时，表示像素；为小数时，表示占据计算机屏幕的比例。(startx，starty)：这一坐标表示矩形窗口左上角顶点的位置，如果为空，则窗口位于屏幕中心。代码如下：

```
turtle.setup(width = 0.6,height = 0.6)
turtle.setup(width = 800,height = 800, startx = 100, starty = 100)
```

9.1.2 画笔

1. 画笔的状态

在画布上，默认有一个坐标原点为画布中心的坐标轴，坐标原点上有一只面朝 x 轴正方向的小乌龟。这里描述小乌龟时使用了两个词语：坐标原点(位置)，面朝 x 轴正方向(方向)，Turtle 绘图中，就是使用位置和方向描述小乌龟(画笔)的状态的。

2. 画笔的属性

画笔的属性指画笔的颜色、画线的宽度、画笔的移动速度等。

turtle.pensize()方法：设置画笔的宽度。

turtle.pencolor()方法：没有参数传入，返回当前画笔的颜色，传入参数设置画笔颜色，可以是字符串如“green”“red”，也可以是 RGB 三元组。

turtle.speed(speed)方法：设置画笔的移动速度，画笔绘制的速度范围为[0,10]中的整数，数字越大表示画笔移动的速度越快。

9.1.3　绘图命令

使用 Turtle 绘图有许多的命令代码，这些命令代码主要分为 3 种，分别为画笔运动命令代码、画笔控制命令代码和全局控制命令代码。

1. 画笔运动命令代码

画笔运动方法如表 9-1 所示。

表 9-1　画笔运动方法

方　　法	说　　明
turtle.forward(distance)	向当前画笔方向移动 distance 像素长度
turtle.backward(distance)	向当前画笔相反方向移动 distance 像素长度
turtle.right(degree)	顺时针移动 degree
turtle.left(degree)	逆时针移动 degree
turtle.pendown()	移动时绘制图形，默认时也为绘制
turtle.goto(x,y)	将画笔移动到坐标为 x,y 的位置
turtle.penup()	提起笔移动，不绘制图形，用于另起一个地方绘制
turtle.circle()	画圆，半径为正(负)，表示圆心在画笔的左边(右边)画圆
turtle.setx()	将当前 x 轴移动到指定位置
turtle.sety()	将当前 y 轴移动到指定位置
turtle.setheading(angle)	设置当前朝向为 angle 角度
turtle.home()	设置当前画笔位置为原点，朝向东
turtle.dot(r)	绘制一个指定 r 直径和颜色的圆点

2. 画笔控制命令代码

画笔控制方法如表 9-2 所示。

表 9-2　画笔控制方法

方　　法	说　　明
turtle.fillcolor(colorstring)	绘制图形的填充颜色
turtle.color(color1, color2)	同时设置 pencolor=color1, fillcolor=color2
turtle.filling()	返回当前是否在填充状态
turtle.begin_fill()	准备开始填充图形
turtle.end_fill()	填充完成
turtle.hideturtle()	隐藏画笔的 turtle 形状
turtle.showturtle()	显示画笔的 turtle 形状

3. 全局控制命令代码

全局控制方法如表 9-3 所示。

表 9-3 全局控制方法

方　法	说　明
turtle. clear()	清空 turtle 窗口，但是 turtle 的位置和状态不会改变
turtle. reset()	清空窗口，重置 turtle 状态为起始状态
turtle. undo()	撤销上一个 turtle 动作
turtle. isvisible()	返回当前 turtle 是否可见
turtle. stamp()	复制当前图形
turtle. write(s[,font=("fontname", font_size,"font_type")])	s 为文本内容，font 是字体的参数，分别为字体名称、大小和类型；font 为可选项，font 参数也是可选项

9.1.4 Turtle 库的坐标体系

Turtle 库是 Python 绘图必不可少的标准库，要精准体现用户的创作意图，首先要精准理解 Turtle 的空间坐标体系和角度坐标体系。

1. 空间坐标体系

默认状态下乌龟初始位置为画布的绝对中心，也即原点，绝对坐标为(0,0)，绝对中心图如图 9-1 所示。

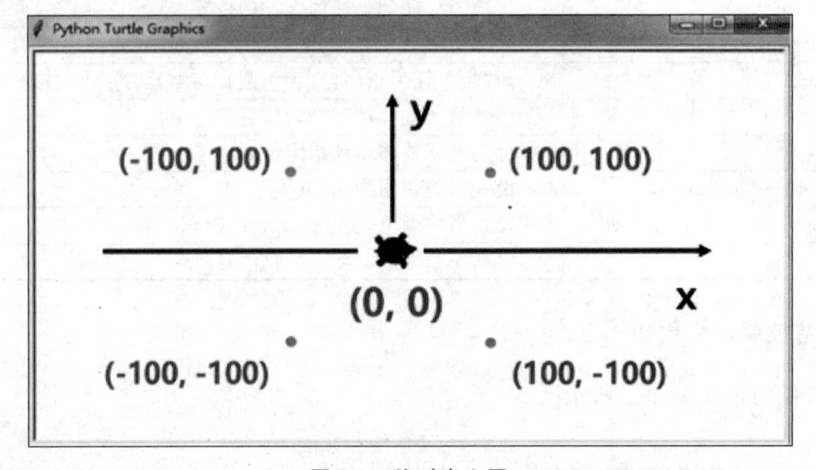

图 9-1 绝对中心图

例如：

```
import turtle
turtle.goto(50,50)
turtle.goto(50,-50)
turtle.goto(-50,-50)
turtle.goto(-50,50)
turtle.goto(0,0)
```

运行结果如图 9-2 所示。

默认状态下乌龟以水平向右为前进方向，其后退及左右运动方向如图 9-3 所示。

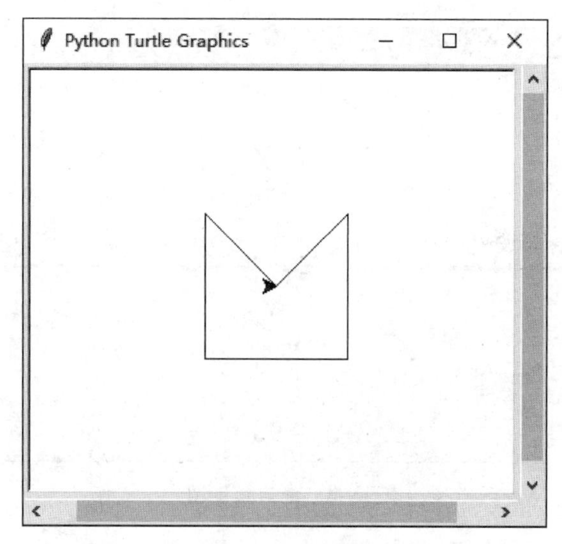

图 9-2　运行结果

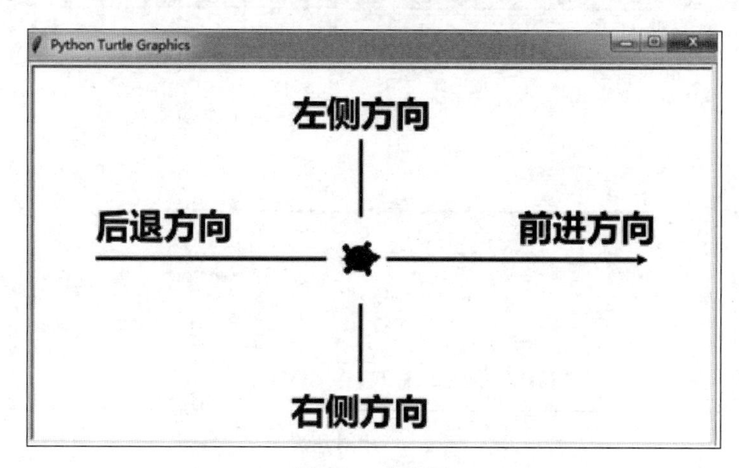

图 9-3　方向图

例如：

```
turtle.fd(d)
turtle.bk(d)
turtle.circle(r, angle)(以海龟为中心,向左转)
```

2. 角度坐标体系

以乌龟为中心，顺时针方向一周为 0～360°，逆时针方向一周为 0～360°，绝对角度如图 9-4 所示。

可以用 turtle. seth(angle)方法来设置旋转角度；用 seth()方法改变乌龟的行进方向；用 seth()方法只改变方向不行进。angle 为绝对度数。

乌龟在行进中，方向是相对的，角度是绝对的。turtle. setheading()方法、turtle. left()方法以及 turtle. right()方法设定或改变的是乌龟行进的方向而不是真正行进，行进则需要 turtle. forward()、turtle. backward()和 turtle. circle()等方法，相对角度如图 9-5 所示。

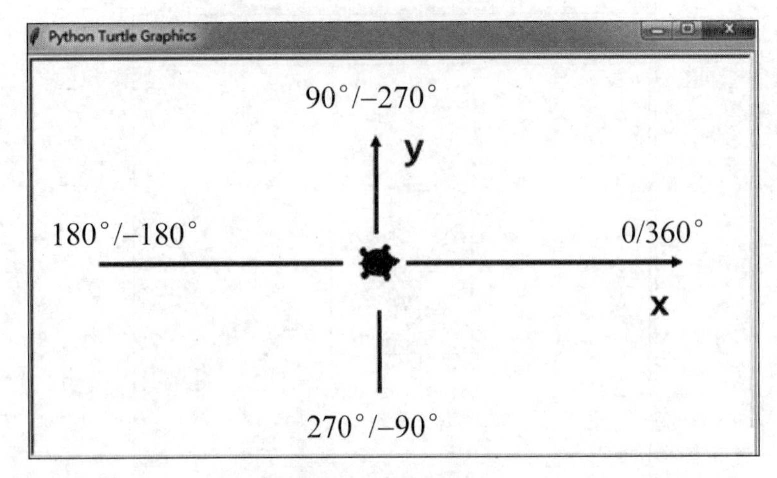

图 9-4　绝对角度图

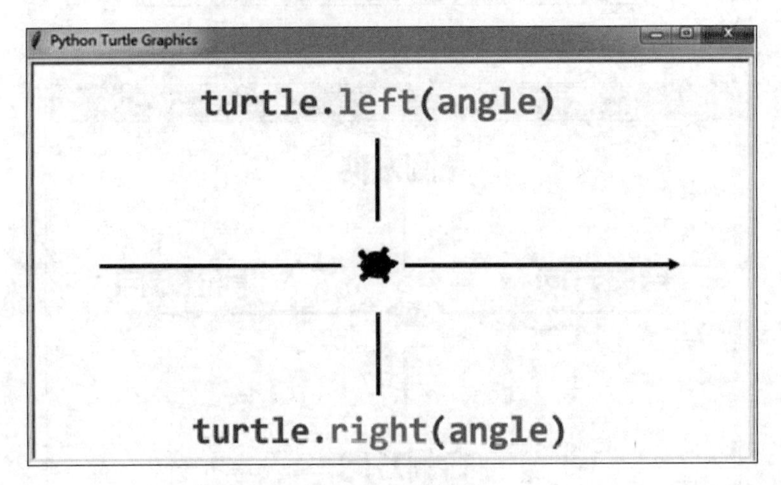

图 9-5　相对角度

代码如下：

```
import turtle
turtle.left(45)
turtle.fd(150)
turtle.right(135)
turtle.fd(300)
turtle.left(135)
turtle.fd(150)
turtle.done()
```

运行结果如图 9-6 所示。

9.1.5　Turtle 色彩体系

颜色取值范围为 0～255 中的整数或者 0～1 中的小数。数值表示及颜色如表 9-4 所示。

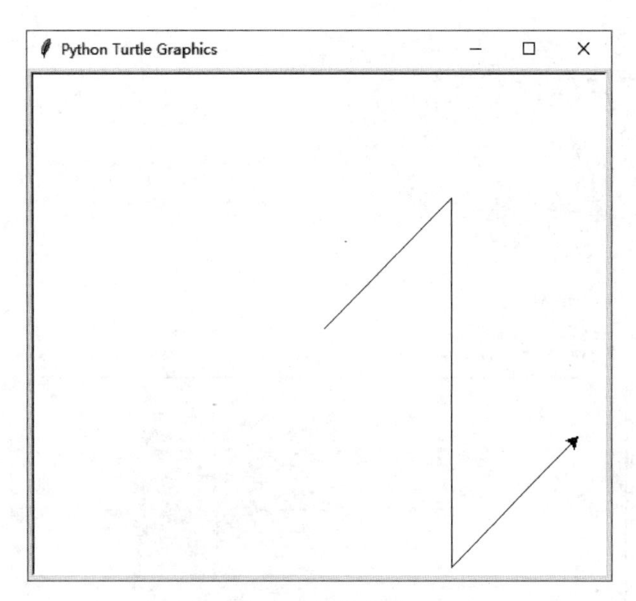

图 9-6　运行结果

表 9-4　RGB 颜色数值表示

关　键　字	RGB 整数值	RGB 小数值	名　　称
white	255,255,255	1,1,1	白色
yellow	255,255,0	1,1,0	黄色
cyan	0,255,255	0,1,1	青色
blue	0,0,255	0,0,1	蓝色
black	0,0,0	0,0,0	黑色
red	255,0,0	1,0,0	红色

Turtle 库默认采用 RGB 小数值,可以使用 turtle.colormode(mode)方法切换。

(1) 1.0：RGB 小数值。

(2) 255：RGB 整数值。

color 参数的三种形式如下。

(1) 颜色字符串：turtle.pencolor("purple")。

(2) RGB 的小数值：turtle.pencolor(0.63，0.13，0.94)。

(3) RGB 的元组值：turtle.pencolor((0.63，0.13，0.94))。

9.2　Turtle 应用示例

1. 编写重复执行简单动作的程序,画出精细复杂的形状

【例 9-1】　编写重复执行简单动作的程序,画出精细复杂的形状代码示例。

```
from turtle import *
color('red', 'yellow')
begin_fill()
```

```
while True:
    forward(200)
    left(170)
    if abs(pos()) < 1:
        break
end_fill()
done()
```

运行结果如图 9-7 所示。

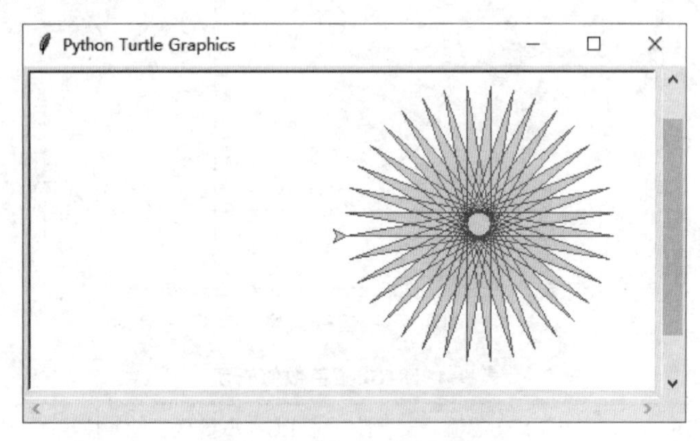

图 9-7 例 9-1 运行结果

2. 绘制分形树

利用递归函数绘制分形树(fractal tree)。分形几何学的基本思想是：客观事物具有自相似的层次结构，局部与整体在形态、功能、信息、时间、空间等方面具有统计意义上的相似性，称为自相似性。自相似性是指局部是整体成比例缩小的性质。

【例 9-2】 绘制分形树代码示例。

```
import turtle
def tree_draw(branch_length):
    if branch_length > 5:
        # 绘制右侧树枝
        turtle.forward(branch_length)
        turtle.right(20)
        tree_draw(branch_length - 15)
        # 绘制左侧树枝
        turtle.left(40)
        tree_draw(branch_length - 15)
        # 返回之前的树枝
        turtle.right(20)
        turtle.backward(branch_length)
def all_tree():
    turtle.penup()
    turtle.setpos(0, - 100)
    turtle.pendown()
    turtle.color('red')
    turtle.left(90)
```

```
    tree_draw(100)
    turtle.exitonclick()
if __name__ == '__main__':
    all_tree()
```

运行结果如图 9-8 所示。

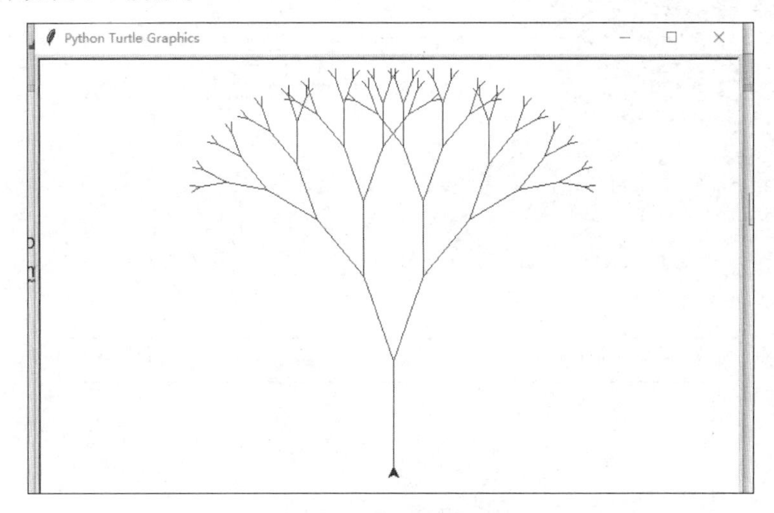

图 9-8　例 9-2 运行结果

3. 绘制重复但大小不同的五角星

【例 9-3】 绘制重复但大小不同的五角星代码示例。

```
import turtle
def draw_pentagram(size):
    """
        绘制五角星
    """
    count = 1
    while count <= 5:
        turtle.forward(size)
        turtle.right(144)
        count += 1
def draw_recursive_pentagram(size):
    """
        迭代绘制五角星
    """
    # 计数器
    count = 1
    while count <= 5:
        turtle.forward(size)
        turtle.right(144)
        count += 1

    # 五角星绘制完成,更新参数
    size += 10
    if size <= 100:
```

```
        draw_recursive_pentagram(size)
def main():
    """
        主函数
    """
    turtle.penup()
    turtle.backward(200)
    turtle.pendown()
    turtle.pensize(2)
    turtle.pencolor('red')
    size = 50
    draw_recursive_pentagram(size)
    turtle.exitonclick()
if __name__ == '__main__':
    main()
```

运行结果如图 9-9 所示。

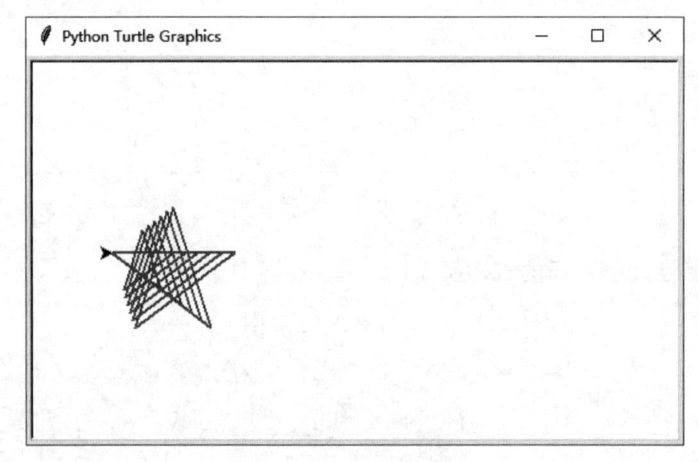

图 9-9　例 9-3 运行结果

4. 绘制直角坐标系

直角坐标系是分析数据相关规律的常用坐标系，所以画坐标系图就成为绘制其他数值分析相关作图的基础。

【例 9-4】 绘制直角坐标系代码示例。

```
from turtle import *
def my_goto(x,y):                              #移动到某点,不留轨迹的函数
    penup()
    goto(x,y)
    pendown()
def my_mov(x,y,my_seth,long):                  #直线运动函数
    my_goto(x,y)
    seth(my_seth)                              #绝对角度
    fd(long)                                   #移动长度
def Coordinates():                             #Coordinates 直角坐标系
    scwide = 600                               #屏幕宽度
    scheight = 600                             #屏幕高度
```

```
    #bgcolor("black")
    pencolor("green")
    pensize("2")
    my_mov(scwide/2,0,180,scwide)                    #画横轴及箭头
    my_mov(scwide/2,0,135,scwide/30)
    my_mov(scwide/2,0,225,scwide/30)
    my_mov(0,scheight/2,-90,scheight)                #画纵轴及箭头
    my_mov(0,scheight/2,225,scwide/30)
    my_mov(0,scheight/2,315,scwide/30)
    my_goto(scwide/2-10,-40)                         #写个"X"
    write("X", font = ("Times", 12,"bold"))
    my_goto(30,scheight/2-30)                        #写个"Y"
    write("Y", font = ("Times", 12,"bold"))
    my_goto(-40,-40)                                 #写个"0"
    write("O", font = ("Times", 12,"bold"))
    for i in range(-300,300,50):
        if i==0:
            pass
        else:
            my_mov(i,-5,90,10)
            write(i,font = ("Times", 9,"bold"))
            my_mov(-5,i,0,10)
            my_goto(15,i-5)
            write(i,font = ("Times", 9,"bold"))
if __name__=='__main__':
    Coordinates()
    hideturtle()
    done()
```

运行结果如图 9-10 所示。

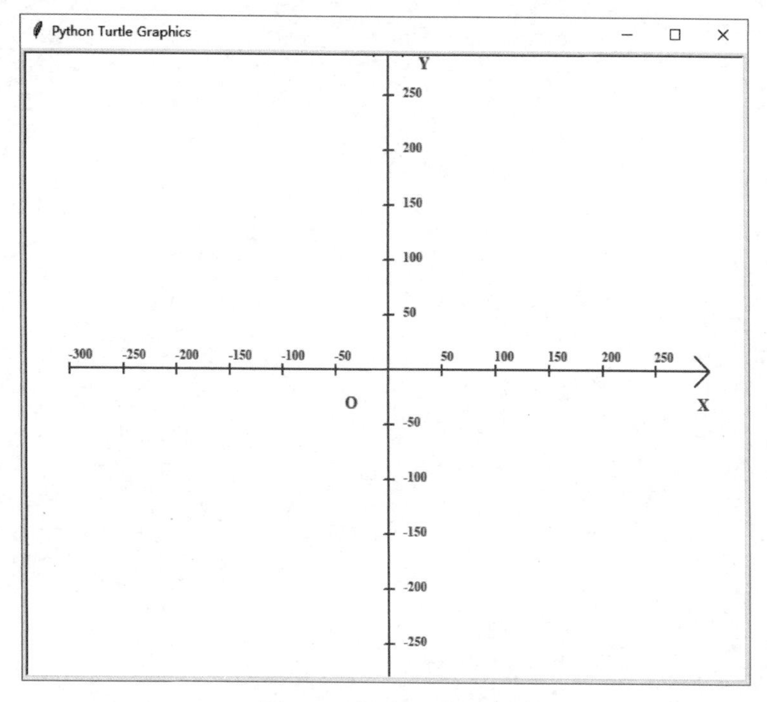

图 9-10 例 9-4 运行结果

本章习题

简答与操作题

1. Turtle 绘图命令代码有哪几种？
2. 用 Turtle 库为自己画一幅 logo。
3. 采用 Turtle 库绘制直角坐标系。

第10章 Tkinter图形用户界面

CHAPTER 10

本章学习目标

- 掌握 Tkinter 库基本图形用户界面的原理。
- 掌握 Tkinter 库窗口和常用控件的使用方法。
- 能够运用 Tkinter 库设计出图形用户界面。

图形用户界面是一种通过各种控件(菜单、按钮等)图形化元素与计算机进行输入/输出交互的软件界面。与传统命令行如 dos 或 shell 相比,图形用户界面具有功能直观及简单等特点,已经成为基于 B/S 模式常用的用户交互方式。

本章将介绍如何利用 Python 内置库 Tkinter 进行图形用户界面编程,首先介绍图形界面编程的基础知识,然后重点介绍 Tkinter 所提供的图形界面编程库的基本使用方法,最后通过多个实例验证 Tkinter 库的使用方法。

10.1 Tkinter 基础

对 Tkinter 的支持分布在多个模块中。大多数应用程序将需要主模块 tkinter，以及 tkinter.ttk 模块，后者提供了带主题的现代部件集及相应的 API：

```
class tkinter.Tk(screenName = None, baseName = None, className = 'Tk', useTk = True, sync =
False, use = None)
```

构造一个最高层级的 Tk 部件，这通常是一个应用程序的主窗口，并为这个部件初始化 Tcl 解释器。每个实例都有其各自所关联的 Tcl 解释器。

Tk 类通常全部使用默认值来初始化。不过，目前还可识别下列关键字参数。

(1) screenName：当作为字符串给出时，设置 DISPLAY 环境变量(仅限 X11)。

(2) baseName：预置文件的名称。默认情况下，baseName 来自于程序名称(sys.argv[0])。

(3) className：控件类的名称。被用作预置文件同时也作为 Tcl 发起调用的名称(interp 中的 argv0)。

(4) useTk：如果为 True，则初始化 Tk 子系统。tkinter.Tcl()方法会将其设为 False。

(5) sync：如果为 True，则同步执行所有 X 服务器命令，以便立即报告错误。可被用于调试(仅限 X11)。

(6) use：指定嵌入应用程序的窗口 id，而不是将其创建为独立的顶层窗口。id 必须以与顶层控件的-use 选项值相同的方式来指定(也就是说，它具有与 winfo_id()的返回值相同的形式)。

要注意在某些平台上只有当 id 是指向一个启用了 container 选项的 Tk 框架或顶层窗口时，此参数才能正确生效。Tk 读取并解释预置文件，其名称为.className.tcl 和.baseName.tcl，进入 Tcl 解释器并基于.className.py 在.baseName.py 中的内容调用 exec()方法。预置文件的路径为 HOME 环境变量，如果它未被设置，则为 os.curdir。

(7) Tk：通过实例化 Tk 创建的 Tk 应用程序对象。这提供了对 Tcl 解释器的访问。每个被附加到相同 Tk 实例的控件都具有相同的 tk 属性值。

(8) master：包含此控件的控件对象。对于 Tk，master 将为 None，因为它是主窗口。术语 master 和 parent 是类似的且有时作为参数名称被交替使用；但是，调用 winfo_parent()方法将返回控件名称字符串而 master 将返回控件对象。parent/child 反映了树状关系，而 master/slave 反映了容器结构。

(9) children；以 dict 表示的此控件的直接下击其中的键为子控件名称而值为子实例对象。

10.1.1 窗口的创建与布局

窗口的常用方法如表 10-1 所示。

表 10-1　窗口的常用方法

方　　法	说　　明
title()	接收一个字符串参数,为窗口命名一个标题
resizable()	是否允许用户拉伸主窗口大小,默认为可更改,当设置为 resizable(0,0)或者 resizable(False,False)时不可更改
geometry()	设定主窗口的大小以及位置,当参数值为 None 时表示获取窗口的大小和位置信息
quit()	关闭当前窗口
update()	刷新当前窗口
mainloop()	设置窗口主循环,使窗口循环显示(一直显示,直到窗口被关闭)
iconbitmap()	设置窗口左上角的图标(图标是.ico 文件类型)
config(background ="red")	设置窗口的背景色为红色,也可以接收十六进制的颜色值
minsize(50,50)	设置窗口被允许调整的最小范围,即宽和高各为 50
maxsize(400,400)	设置窗口被允许调整的最大范围,即宽和高各为 400
attributes("-alpha",0.5)	用来设置窗口的一些属性,比如透明度(-alpha)、是否置顶(-topmost)即将主屏置于其他图标之上、是否全屏(-fullscreen)显示等
state("normal")	用来设置窗口的显示状态、参数值 normal(正常显示)、icon(最小化)、zoomed(最大化)
withdraw()	用来隐藏主窗口,但不会销毁窗口
deiconify()	将窗口从隐藏状态还原
iconify()	设置窗口最小化
winfo_screenwidth()	获取计算机屏幕的分辨率(尺寸)
winfo_width()	获取窗口的大小,同样也适用于其他控件,但是使用前需要使用 window.update()方法刷新屏幕,否则返回值为 1
protocol("协议名",回调函数)	启用协议处理机制,常用协议有 WN_DELETE_WINDOW,当用户单击关闭窗口时,窗口不会关闭,而是触发回调函数。Tkinter 除了提供事件绑定机制之外,还提供了协议处理机制,它指的是应用程序和窗口管理器之间的交互,最常用的协议为 WM_DELETE_WINDOW。当 Tkinter 使用 WM_DELETE_WINDOW 协议与主窗口进行交互时,Tkinter 主窗口右上角的关闭功能失效,也就是无法通过单击✕按钮来关闭窗口,而是转变成调用用户自定义的函数

10.1.2　常用控件

1. Tkinter 常用控件

一个完整的 GUI 程序由许多控件组成,Tkinter 常用控件如表 10-2 所示。

表 10-2　Tkinter 常用控件

控件名称	说　　明
Button	按钮,单击按钮时触发/执行一些事件(函数)
Canvas	提供绘制图,比如直线、矩形、多边形等
Checkbutton	复选框,用于在程序中提供多项选择框
Entry	文本框,输入框用于接收单行文本输入

续表

控件名称	说明
Frame	框架(容器)控件,定义一个窗体(根窗口也是一个窗体),用于承载其他控件,即作为其他控件的容器
Lable	标签控件,用于显示单行文本或者图片
LableFrame	容器控件,一个简单的容器控件,常用于复杂的窗口布局
Listbox	列表框控件,以列表的形式显示文本
Menu	菜单控件,菜单组件(下拉菜单和弹出菜单)
Menubutton	菜单按钮控件,用于显示菜单项
Message	信息控件,用于显示多行不可编辑的文本,与 Label 控件类似,增加了自动分行的功能
MessageBox	消息框控件,定义与用户交互的消息对话框
OptionMenu	选项菜单,下拉菜单
PanedWindow	窗口布局管理组件,为组件提供一个框架,允许用户自己划分窗口空间
Radiobutton	单选框,只允许从多个选项中选择一项
Scale	进度条控件,定义一个线性"滑块"用来控制范围,可以设定起始值和结束值,并显示当前位置的精确值
Spinbox	高级输入框 Entry 控件的升级版,可以通过该组件的上、下箭头选择不同的值
Scrollbar	滚动条,默认垂直方向,拖动鼠标可以改变数值,可以和 Text、Listbox、Canvas 等控件配合使用
Text	多行文本框,接收或输出多行文本内容
Toplevel	子窗口,创建一个独立于主窗口之外的子窗口,位于主窗口的上一层,可作为其他控件的容器

2. 控件基本属性

每个控件都有各自不同的功能,即使有些控件功能相似,但它们的适用场景也不同。在 Tkinter 中不同的控件受到各自参数的约束,所有控件既有相同属性,也有各自独有的属性。Tkinter 控件的共用属性如表 10-3 所示。

表 10-3 Tkinter 控件的共用属性

属性	说明
font	若控件支持设置标题文字,就可以使用此属性来定义,它是一个数组格式的参数(字体、大小、字体样式)
cursor	当鼠标指针移动到控件上时,定义鼠标指针的类型、字符串格式,参数值有 crosshair(十字光标)、watch(待加载圆圈)、plus(加号)、arrow(箭头)等
command	该参数用于执行事件函数,比如单击按钮时执行特定的动作,可执行用户自定义的函数
borderwidth	定义控件的边框宽度,单位是像素
bitmap	定义显示在控件内的位图文件
bg	background 的缩写,用来定义控件的背景颜色,参数值可以是颜色的十六进制数,或者是颜色的英文单词
anchor	定义控件或者文字信息在窗口内的位置
width	用于设置控件的宽度,使用方法与 height 相同

续表

属　　性	说　　明
state	控制控件是否处于可用状态，参数值为 NORMAL、DISABLED，默认为 NORMAL（正常的）
text	定义控件的标题文字
relief	定义控件的边框样式，参数值为 FLAT（平的）、RAISED（凸起的）、SUNKEN（凹陷的）、GROOVE（沟槽桩边缘）、RIDGE（脊状边缘）
padx/pady	定义控件内的文字或者图片与控件边框之间的水平/垂直距离
justify	定义多行文字的排列方式，此属性可以是 LEFT、CENTER、RIGHT
image	定义显示在控件内的图片文件
height	该参数值用来设置控件的高度，文本控件以字符的数目为高度（px），其他控件则以像素为单位
fg	是 foreground 的缩写，用来定义控件的前景色，也就是字体的颜色

10.1.3　常用控件和属性的使用方法

1. background（bg）方法

定义控件的背景颜色，颜色值可以是颜色名称常数，也可以是"#rrggbb"形式的数字。用户可以使用 background 或 bg。以下示例定义一个背景颜色为绿色的文字标签，以及一个背景颜色为 SystemHightlight 的文字标签。

【例 10-1】 背景颜色应用示例。

```
from tkinter import *
win = Tk()
win. title (string = 'python 程序设计')
Label (win, background = '#ffffff', text = 'hello world!!'). pack ()
Label (win, background = "SystemHighlight", text = "hello python!!"). pack()
win. mainloop()
```

运行结果如图 10-1 所示。

图 10-1　background（bg）运行结果

2. borderwidth

定义控件的边框宽度，单位是像素。

【例 10-2】 定义边框宽度示例。

```
from tkinter import *
win = Tk()
Button(win, relief = RIDGE, borderwidth = 13, text = "关闭",command = win. quit). pack()
win. mainloop()
```

运行结果如图 10-2 所示。

3. command

当控件有特定的动作发生时，如单击按钮，此属性定义动作发生时所调用的 Python 函数。例如在下面的示例中，单击按钮即调用窗口的 quit()函数来结束程序。

【例 10-3】 单击按钮调用窗口的 quit()函数来结束程序。

```
from tkinter import *
win = Tk()
win.title(string ="结束程序")
Button(win, text = "关闭",command = win.quit).pack()
win.mainloop()
```

运行结果如图 10-3 所示。

图 10-2 borderwidth 运行结果

图 10-3 command 运行结果

4. cursor

定义当鼠标指针移到控件上时，鼠标指针的类型。可使用的鼠标指针类型有 crosshair、watch、xterm、fleur 及 arrow。

【例 10-4】 cursor 使用示例。

```
from tkinter import *
win = Tk()
Button(win, cursor = 'crosshair',text = '打开', command = win.quit).pack ()
win.mainloop()
```

运行结果如图 10-4 所示。

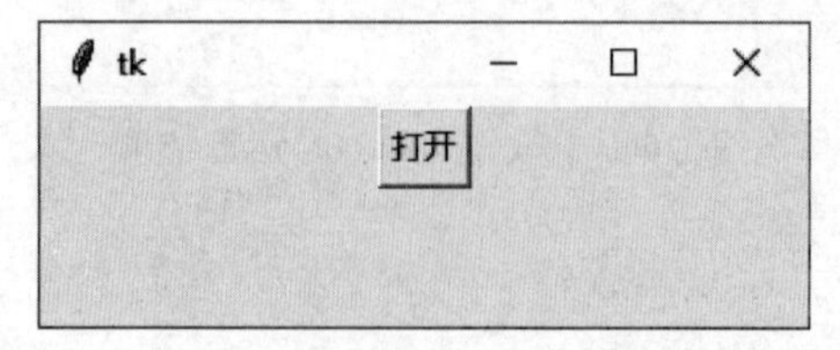

图 10-4 cursor 运行结果

5. font

如果控件支持标题文字，就可以使用此属性来定义标题文字的字体格式。此属性是一个元组格式：(字体，大小，字体样式)，字体样式可以是 bold、italic、underline 及 overstrike。用户可以同时设置多个字体样式，中间以空格隔开。

【例 10-5】 font 使用示例。

```
#设置文本标签的字体
from tkinter import *
win = Tk()
Label (win, font = ("Times" , 8, "bold"),text = "hello world !!" ).pack ()
Label (win, font = ("Symbol", 16, "bold overstrike"), text = "hello python !!").pack()
Label (win, font = ("细明体",24, "bold italic underline") , text = "hello program !!").pack ()
win.mainloop()
```

运行结果如图 10-5 所示。

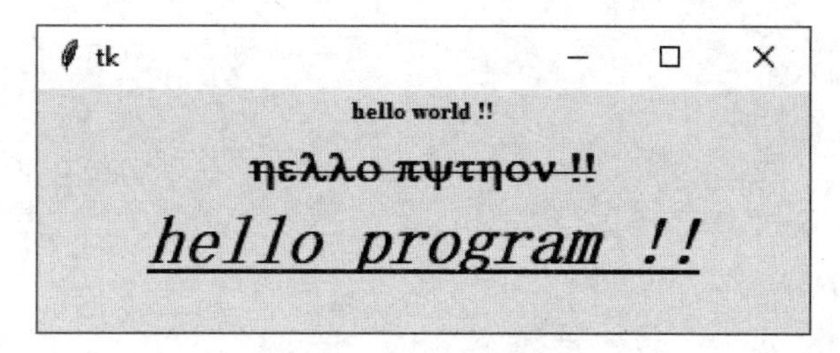

图 10-5 font 运行结果

6. foreground(fg)方法

定义控件的前景(文字)颜色,颜色值可以是颜色的名称,也可以是“#rrggbb”形式的数字。可以使用 foreground 或 fg。下面的示例定义一个文字颜色为红色的按钮,以及一个文字颜色为绿色的文字标签。

【例 10-6】 foreground(fg) 方法使用示例。

```
from tkinter import *
win = Tk()
Button(win, foreground = "#ff00ff", text = "关闭",command = win.quit).pack()
Label (win, foreground = "SystemHighlightText",text = "hello world!!,'hello python.").pack()
win .mainloop()
```

运行结果如图 10-6 所示。

7. height

如果是 Button、Label 或 Text 控件,此属性定义以字符数目为单位的高度。其他的控件则是定义以像素 pixel 为单位的高度。下面的示例定义一个字符高度为 5 的按钮。

图 10-6 foreground(fg)运行结果

【例 10-7】 height 使用示例。

```
from tkinter import *
win = Tk()
Button(win, height = 5,text = "关闭",command = win.quit).pack()
win.mainloop()
```

运行结果如图 10-7 所示。

8. relief

定义控件的边框形式。所有的控件都有边框,不过有些控件的边框默认是不可见的。如果是 3D 形式的边框,那么此属性可以是 SUNKEN、RIDGE、RAISED 或 GROOVE;如果是 2D 形式的边框,那么此属性可以是 FLAT 或 SOLID。下面的示例定义一个平面的按钮。

【例 10-8】 relief 使用示例。

```
from tkinter import *
win = Tk()
Button(win, relief = FLAT, text = "关闭",command = win.quit).pack()
win.mainloop()
```

运行结果如图 10-8 所示。

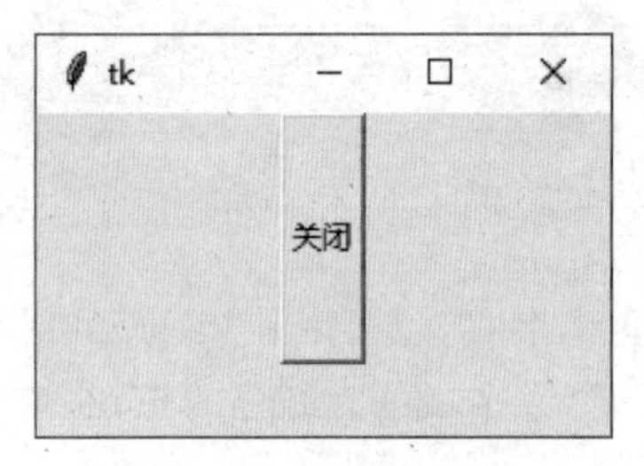

图 10-7 height 运行结果

图 10-8 relief 运行结果

9. width

如果是 Button、Label 或 Text 控件,此属性定义以字符数目为单位的宽度。其他控件则是定义以像素 pixel 为单位的宽度。

【例 10-9】 width 使用示例。

```
from tkinter import *
win = Tk()
Button (win, width = 16, text = "关闭", command = win.quit).pack()
win.mainloop()
```

运行结果如图 10-9 所示。

图 10-9 width 运行结果

10.2　Tkinter 应用示例

【例 10-10】　随机抽题，随机点名程序示例。

问题描述：通过单击“开始”按钮，开始运行程序；通过单击“停”按钮停止程序运行；在框体内部包括两列文档，分别代表两门课程，这两列文档不停滚动，当前指向颜色变成红色，当单击“停”按钮后两门课程滚动到哪个选项就通过对话框显示该选项结果。

代码如下：

```
import tkinter
import tkinter.messagebox
import random
import threading
import itertools
import time
root = tkinter.Tk()
# 窗口标题
root.title('随机选题')
# 窗口初始大小和位置
root.geometry('520x360 + 400 + 300')
# 不允许改变窗口大小
root.resizable(False, False)
# 关闭程序时执行的函数代码,停止滚动显示学生名单
def closeWindow():
    root.flag = False
    time.sleep(0.1)
    root.destroy()
root.protocol('WM_DELETE_WINDOW', closeWindow)
# 模拟学生名单,可以加上数据库访问接口,从数据库中读取学生名单
students = ['实验 1', '实验 2', '实验 3', '实验 4', '实验 5', '实验 6']
students2 = ['实验 1', '实验 2', '实验 3', '实验 4']
# 变量,用来控制是否滚动显示学生名单
root.flag = False
def switch():
    root.flag = True
    # 随机打乱学生名单
    t = students[:]
    random.shuffle(t)
    t = itertools.cycle(t)
    t2 = students2[:]
    random.shuffle(t2)
    t2 = itertools.cycle(t2)
    while root.flag:
        # 滚动显示
        lbFirst['text'] = lbSecond['text']
lbSecond['text'] = lbThird['text']
lbThird['text'] = next(t)
lbFirst2['text'] = lbSecond2['text']
lbSecond2['text'] = lbThird2['text']
lbThird2['text'] = next(t2)
```

```
        # 数字可以修改,控制滚动速度
        time.sleep(0.1)
def btnStartClick():
    # 每次单击“开始”按钮启动新线程
    t = threading.Thread(target = switch)
    t.start()
    btnStart['state'] = 'disabled'
    btnStop['state'] = 'normal'
btnStart = tkinter.Button(root,text = '开始',command = btnStartClick)
btnStart.place(x = 80, y = 30, width = 100, height = 40)
def btnStopClick():
    # 单击“停”按钮结束滚动显示
    root.flag = False
    time.sleep(0.3)
    # 语句结尾处的“\”为语句续行符号
    tkinter.messagebox.showinfo('结果','抽中答辩题目:' + 'JAVAEE 实验课:'\
    + lbSecond['text'] + '\n 通信技术实验课:' + lbSecond2['text'])
    btnStart['state'] = 'normal'
    btnStop['state'] = 'disabled'
btnStop = tkinter.Button(root,text = '停',command = btnStopClick)
btnStop['state'] = 'disabled'
btnStop.place(x = 290, y = 30, width = 100, height = 40)
# 用来滚动显示学生名单的 3 个 Label 组件
# 可以根据需要进行添加,但要修改上面的线程函数代码
lbFirst = tkinter.Label(root, text = '')
lbFirst.place(x = 140, y = 100, width = 130, height = 40)
lbFirst2 = tkinter.Label(root, text = '')
lbFirst2.place(x = 240, y = 100, width = 130, height = 40)
# 红色 Label 组件,表示中奖名单
lbSecond = tkinter.Label(root, text = '')
lbSecond['fg'] = 'red'
lbSecond.place(x = 140, y = 140, width = 130, height = 40)
lbSecond2 = tkinter.Label(root, text = '')
lbSecond2['fg'] = 'red'
lbSecond2.place(x = 240, y = 140, width = 130, height = 40)
lbThird = tkinter.Label(root, text = '')
lbThird.place(x = 140, y = 180, width = 130, height = 40)
lbThird2 = tkinter.Label(root, text = '')
lbThird2.place(x = 240, y = 180, width = 130, height = 40)
# 启动 tkinter 主程序
root.mainloop()
```

运行结果如图 10-10 和图 10-11 所示。

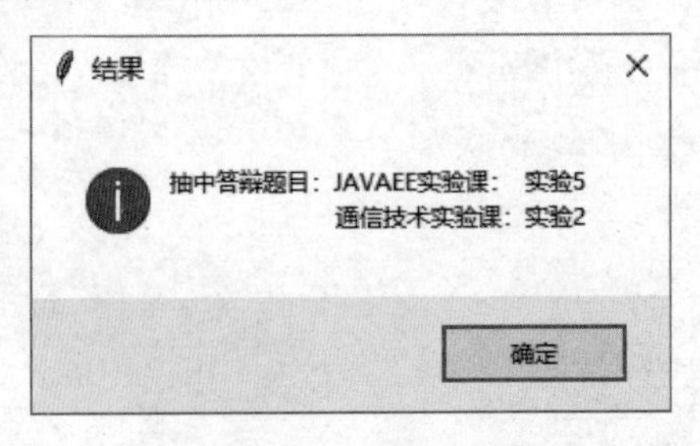

图 10-10 例 10-10 运行图 1

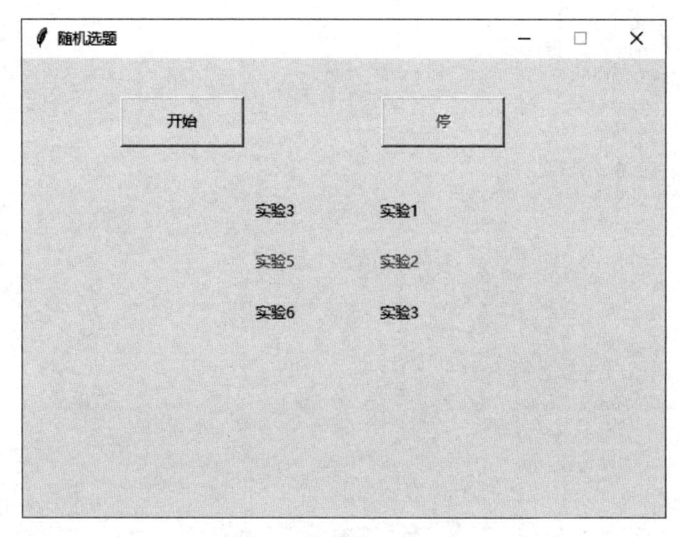

图 10-11　例 10-10 运行图 2

【例 10-11】　自定义文本编辑器程序示例。

问题描述：模仿 Windows 文本编辑器样式设计一个自定义文本编辑器，该编辑器能够完成基本文字编辑功能，还要有方便的菜单工具，包括“文件”“编辑”和“帮助”等最简单的应用。

代码如下：

```
import tkinter
import os
from tkinter import *
from tkinter.messagebox import *
from tkinter.filedialog import *
class Textpad:
    root = Tk()
    '''
    Width:宽度;Heith:高度
    TextArea:文本区域
    MenuBar:菜单栏
    FileMenu:“文件”菜单
    EditMenu:“编辑”菜单
    HelpMenu:“帮助”菜单
    ScrollBat:滚动条
    '''
    Width = 150
    Height = 150
    TextArea = Text(root)
    MenuBar = Menu(root)
    FileMenu = Menu(MenuBar, tearoff = 0)
    EditMenu = Menu(MenuBar, tearoff = 0)
    HelpMenu = Menu(MenuBar, tearoff = 0)
    ScrollBar = Scrollbar(TextArea)
    file = None
    def __init__(self, **kwargs):
        # 设置文本框的大小
```

```
        try:
            self.Width = kwargs['width']
        except KeyError:
            pass
        try:
            self.Height = kwargs['height']
        except KeyError:
            pass
        # 设置窗口标题
        self.root.title("自定义文本编辑器")
        # 将窗口居中显示
        screenWidth = self.root.winfo_screenwidth()
        screenHeight = self.root.winfo_screenheight()
        left = (screenWidth / 2) - (self.Width / 2)
        top = (screenHeight / 2) - (self.Height / 2)
        self.root.geometry('%dx%d+%d+%d' %
                            (self.Width, self.Height, left, top))
        # 文本区域大小调整
        self.root.grid_rowconfigure(0, weight=1)
        self.root.grid_columnconfigure(0, weight=1)
        # Add controls (widget)
        self.TextArea.grid(sticky=N + E + S + W)
        # 增加"新建"配置
        self.FileMenu.add_command(label="新建", command=self.__newFile)
        # 增加"打开"配置
        self.FileMenu.add_command(label="打开", command=self.__openFile)
        # 增加"保存"配置
        self.FileMenu.add_command(label="保存", command=self.__saveFile)
        # 增加"退出"配置
        self.FileMenu.add_separator()
        self.FileMenu.add_command(label="退出", command=self.__quitApplication)
        # 菜单中设置"文件"按钮
        self.MenuBar.add_cascade(label="文件", menu=self.FileMenu)
        # 增加"剪切"功能
        self.EditMenu.add_command(label="剪切", command=self.__cut)
        # 增加"复制"功能
        self.EditMenu.add_command(label="复制", command=self.__copy)
        # 增加"粘贴"功能
        self.EditMenu.add_command(label="粘贴", command=self.__paste)
        # 菜单中设置"编辑"按钮
        self.MenuBar.add_cascade(label="编辑", menu=self.EditMenu)
        # 增加"关于记事本"选项
        self.HelpMenu.add_command(label="关于记事本", command=self.__showAbout)
        # 菜单中设置"帮助"按钮
        self.MenuBar.add_cascade(label="帮助", menu=self.HelpMenu)
        self.root.config(menu=self.MenuBar)
        self.ScrollBar.pack(side=RIGHT, fill=Y)
        # 滚动条根据内容进行调整
        self.ScrollBar.config(command=self.TextArea.yview)
        self.TextArea.config(yscrollcommand=self.ScrollBar.set)
    def __quitApplication(self):
        '''
        用于退出程序
```

```
        '''
        self.root.destroy()
    def __showAbout(self):
        '''
        添加"帮助"菜单中的信息
        '''
        showinfo("自定义文本编辑器", "V1.0")
    def __openFile(self):
        '''
        打开文件
        '''
        self.file = askopenfilename(defaultextension = ".txt",
                                    filetypes = [("All Files", "*.*"),
                                                 ("Text Documents", "*.txt")])
        if self.file == "":
            self.file = None
        else:
            self.root.title(os.path.basename(self.file))
            self.TextArea.delete(1.0, END)
            file = open(self.file, "r")
            self.TextArea.insert(1.0, file.read())
            file.close()
    def __newFile(self):
        '''
        新文件:默认是一个未命名文件
        '''
        self.root.title("未命名文件")
        self.file = None
        self.TextArea.delete(1.0, END)
    def __saveFile(self):
        '''
        用于保存文件,不存在的文件进行新建,存在的文件在原文件基础上覆盖保存
        '''
        if self.file == None:
            self.file = asksaveasfilename(initialfile = 'Untitled.txt',
                                          defaultextension = ".txt",
                                          filetypes = [("All Files", "*.*"),
                                                       ("Text Documents",
                                                       "*.txt")])
            if self.file == "":
                self.file = None
            else:
                file = open(self.file, "w")
                file.write(self.TextArea.get(1.0, END))
                file.close()
                # 更改 title 名字为文件名
                self.root.title(os.path.basename(self.file))
        else:
            file = open(self.file, "w")
            file.write(self.TextArea.get(1.0, END))
            file.close()
    # 添加功能项
    def __cut(self):
```

```
            self.TextArea.event_generate("<< Cut >>")
        def __copy(self):
            self.TextArea.event_generate("<< Copy >>")
        def __paste(self):
            self.TextArea.event_generate("<< Paste >>")
        def run(self):
            # 使用 mainloop()使得窗口一直存在
            self.root.mainloop()

textpad = Textpad(width = 600, height = 400)
textpad.run()
```

运行结果如图 10-12 所示。

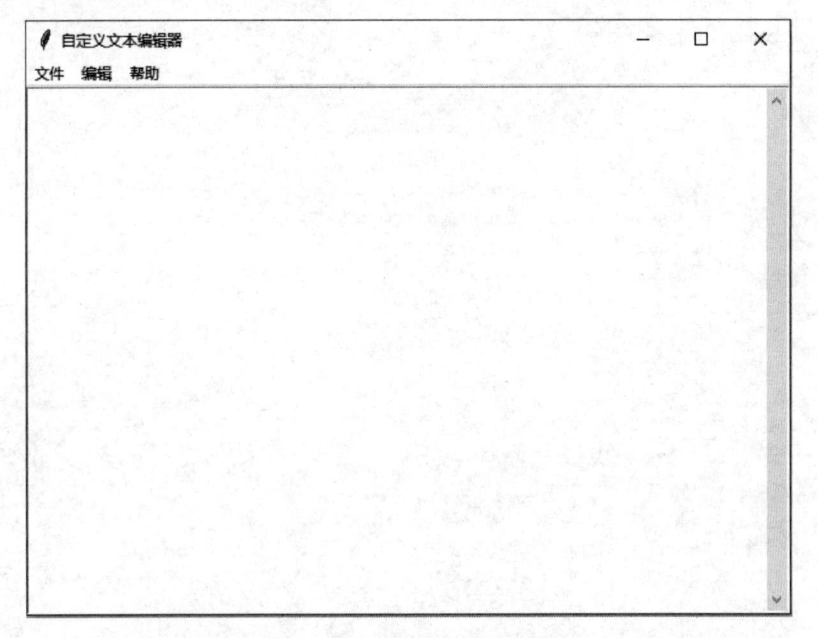

图 10-12 例 10-12 运行图

本章习题

简答与操作题

1. 采用 Tkinter 库实现滚动显示效果,如何实现?
2. Tkinter 常用控件有哪些? 试着举例说明。
3. 采用 Tkinter 库改进自定义文本编辑器。

第11章

科学计算与可视化

CHAPTER 11

本章学习目标

- 掌握 NumPy 库的安装及基本功能的使用。
- 掌握 Pandas 库的安装及基本功能的使用。
- 掌握 Matplotlib 库的安装及基本功能的使用。
- 能够运用 NumPy、Pandas 和 Matplotlib 解决科学计算与可视化问题。

科学计算与可视化作为现代编程语言的重要应用方向,已经成为每一种编程语言都会重点研究的领域。用于数据分析、科学计算与可视化的扩展库非常多,如 NumPy、Scipy、Sympy、Pandas、Matplotlib、Traits、TVTK、VPython 等,还有著名的 OPENCV。其中 NumPy 是可行计算、数据分析、可视化以及机器学习库依赖的扩展库;Pandas 是非常成熟的数据分析库;Matplotlib 是非常常用的图形模块,可以快速地将计算结构以不同类型的图形展现处理。

本章将从三个方向分别介绍 NumPy、Pandas 和 Matplotlib 三个库的基本使用方法,同时根据应用特点,列举不同库的使用方法,最后展示三个库同时使用的应用案例。

11.1 NumPy

11.1.1 NumPy概述

NumPy是一个功能强大的Python库，主要用于对多维数组执行计算。NumPy这个词来源于两个单词Numerical和Python。NumPy提供了大量的库函数和操作，可以帮助程序员轻松地进行数值计算。这类数值计算广泛用于以下任务。

(1) 机器学习模型：在编写机器学习算法时，需要对矩阵进行各种数值计算。例如矩阵乘法、换位、加法等。NumPy提供了一个非常好的库，用于简单(在编写代码方面)和快速(在速度方面)计算。NumPy数组用于存储训练数据和机器学习模型的参数。

(2) 图像处理和计算机图形学：计算机中的图像表示为多维数字数组。NumPy成为同样情况下最自然的选择。实际上，NumPy提供了一些优秀的库函数来快速处理图像。例如镜像图像、按特定角度旋转图像等。

(3) 数学任务：NumPy对于执行各种数学任务非常有用，如数值积分、微分、内插、外推等。因此，当涉及数学任务时，它形成了一种基于Python的MATLAB的快速替代。

11.1.2 NumPy的安装

在计算机上安装NumPy最快也是最简单的方法是在shell上使用以下命令：pip install Numpy，也可以加入国内镜像－i 清华镜像网站(详见前言二维码)。安装过程如图11-1所示。

```
C:\Windows\system32>pip install numpy  -i https://mirrors.aliyun.com/pypi/simple/
Looking in indexes: https://mirrors.aliyun.com/pypi/simple/
Collecting numpy
  Downloading https://mirrors.aliyun.com/pypi/packages/b2/f2/fb29a463abacb29fa03dfb548
a/numpy-1.23.4-cp310-cp310-win_amd64.whl (14.6 MB)
     ---------------------------------------- 14.6/14.6 MB 308.2 kB/s eta 0:00:00
Installing collected packages: numpy
Successfully installed numpy-1.23.4
```

图11-1 NumPy的安装

这将在计算机上安装最新、最稳定的NumPy版本。通过pip安装是安装任何Python软件包的最简单方法。NumPy中最重要的概念就是NumPy数组。

11.1.3 NumPy中的数组及操作

1. NumPy中的数组

NumPy提供的最重要的数据结构是一个称为NumPy数组的强大对象。NumPy数组是通常的Python数组的扩展。NumPy数组配备了大量的函数和运算符，可以实现快速编写上面讨论过的各种类型计算的高性能代码。一维NumPy数组应用举例如表11-1所示。

表 11-1　一维 NumPy 数组

实　　例	运行结果	说　　明
importnumpy as np my_array = np.array([1, 2, 3, 4, 5]) print(my_array)	[1 2 3 4 5]	首先使用 import numpy 作为 np 导入 NumPy 库。然后，创建一个包含 5 个整数的简单 NumPy 数组，再将其打印出来
print(my_array.shape)	(5,)	my_array 是一个包含 5 个元素的数组
print(my_array[0])	1	打印各个元素。就像普通的 Python 数组一样，NumPy 数组的起始索引编号为 0
my_array[0] = −1 print (my_array)	[−1 2 3 4 5]	修改 NumPy 数组的元素
my_new_array = np.zeros((5)) print (my_new_array)	[0.0.0.0.0.]	创建一个长度为 5 的 NumPy 数组，但所有元素都为 0
my_random_array = np.random.random((5)) print (my_random_array)	[0.32820615 0.45376838 0.02671541 0.88544332 0.58352463]	创建一个随机值数组

多维 NumPy 数组应用举例如表 11-2 所示。

表 11-2　多维 NumPy 数组

实　　例	运行结果	说　　明
my_2d_array =np.zeros((2, 3)) print (my_2d_array)	[[0.0.0.] [0.0.0.]]	创建二维数组
my_2d_array_new =np.ones((2, 4)) print (my_2d_array_new)	[[1.1.1.1.] [1.1.1.1.]]	多维数组可以用 my_array[i][j] 符号来索引，其中 i 表示行号，j 表示列号。i 和 j 都从 0 开始
my_array = np.array([[4, 5], [6, 1]]) print (my_array[0][1])	5	索引 0 行和索引 1 列中的元素
Print(my_array.shape)	(2, 2)	表示数组中有 2 行 2 列

2. NumPy 中的数组操作

使用 NumPy，可以轻松地在数组上执行数学运算。例如，可以添加 NumPy 数组，也可以删除它们，可以将它们相乘，甚至可以将它们分开。例如：

```
import numpy as np
a = np.array([[1.0, 2.0], [3.0, 4.0]])
b = np.array([[5.0, 6.0], [7.0, 8.0]])
sum = a + b
difference = a - b
product = a * b
quotient = a / b
print ("Sum = \n", sum)
print ("Difference = \n", difference)
print ("Product = \n", product )
print( "Quotient = \n", quotient)
```

```
# The output will be as follows:
Sum = [[ 6. 8.] [10. 12.]]
Difference = [[ - 4. - 4.] [ - 4. - 4.]]
Product = [[ 5. 12.] [21. 32.]]
Quotient = [[0.2 0.33333333] [0.42857143 0.5 ]]
```

由此所见，乘法运算符执行逐元素乘法而不是矩阵乘法。要执行矩阵乘法，可以执行以下操作：

```
matrix_product = a.dot(b)
print( "Matrix Product = ", matrix_product)
```

运行结果是：

```
[[19. 22.]
[43. 50.]]
```

11.2 Pandas

11.2.1 Pandas 概述

Pandas是Python的核心数据分析支持库，提供了快速、灵活、明确的数据结构，旨在简单、直观地处理关系型、标记型数据。Pandas的目标是成为Python数据分析实践与实战的必备高级工具，其长远目标是成为最强大、最灵活、可以支持任何语言的开源数据分析工具。经过多年不懈的努力，Pandas离这个目标已经越来越近了。

Pandas适用于处理以下类型的数据：

（1）与SQL或Excel表类似的，含异构列的表格数据。

（2）有序和无序（非固定频率）的时间序列数据。

（3）带行列标签的矩阵数据，包括同构或异构型数据。

（4）任意其他形式的观测、统计数据集，数据转入Pandas数据结构时不必事先标记。

Pandas的主要数据结构是Series()（一维数据）方法与DataFrame()（二维数据）方法，这两种数据结构足以处理金融、统计、社会科学、工程等领域中的大多数典型用例。对于R用户，DataFrame提供了比R语言data.frame更丰富的功能。Pandas基于NumPy开发，可以与其他第三方科学计算支持库完美集成。

Pandas就像一把万能瑞士军刀，下面仅列出它的部分优势：

（1）处理浮点型与非浮点型数据中的缺失数据，表示为NaN。

（2）大小可变：插入或删除DataFrame等多维对象的列。

（3）自动、显式数据对齐：显式地将对象与一组标签对齐，也可以忽略标签，在Series、DataFrame计算时自动与数据对齐。

（4）强大、灵活的分组(group by)功能：拆分-应用-组合数据集，聚合、转换数据。

（5）把Python和NumPy数据结构里不规则、不同索引的数据轻松地转换为

DataFrame 对象。

(6) 基于智能标签,对大型数据集进行切片、花式索引、子集分解等操作。

(7) 直观地合并(merge)、连接(join)数据集。

(8) 灵活地重塑(reshape)、透视(pivot)数据集。

(9) 轴支持结构化标签：一个刻度支持多个标签。

(10) 成熟的 IO 工具：读取文本文件(CSV 等支持分隔符的文件)、Excel 文件、数据库等来源的数据,利用超快的 HDF5 格式保存或加载数据。

(11) 时间序列：支持日期范围生成、频率转换、移动窗口统计、移动窗口线性回归、日期位移等时间序列功能。

这些功能主要是为了解决其他编程语言、科研环境的痛点。处理数据一般分为以下几个阶段：数据整理与清洗、数据分析与建模、数据可视化与制表,Pandas 是处理数据的理想工具。

Pandas 速度很快。Pandas 的很多底层算法都用 Cython 优化过。然而,为了保持通用性,必然要牺牲一些性能,如果专注某一功能,完全可以开发出比 Pandas 更快的专用工具。

Pandas 是 statsmodels 的依赖项,因此,Pandas 也是 Python 中统计计算生态系统的重要组成部分。Pandas 已广泛应用于金融领域。

11.2.2 Pandas 的安装

安装方式采用 pip install Pandas,也可以加上国内镜像地址清华大学镜像网站。安装过程如图 11-2 所示。

```
C:\Windows\system32>pip install pandas  -i https://mirrors.aliyun.com/pypi/simple/
Looking in indexes: https://mirrors.aliyun.com/pypi/simple/
Collecting pandas
  Downloading https://mirrors.aliyun.com/pypi/packages/50/15/ce88c13d182c34e73a9bee86653
a/pandas-1.5.1-cp310-cp310-win_amd64.whl (10.4 MB)
     ---------------------------------------- 10.4/10.4 MB 335.4 kB/s eta 0:00:00
Collecting python-dateutil>=2.8.1
  Downloading https://mirrors.aliyun.com/pypi/packages/36/7a/87837f39d0296e723bb9b62bbb2
d/python_dateutil-2.8.2-py2.py3-none-any.whl (247 kB)
     ---------------------------------------- 247.7/247.7 kB 292.1 kB/s eta 0:00:00
Collecting pytz>=2020.1
  Downloading https://mirrors.aliyun.com/pypi/packages/85/ac/92f998fc52a70afd7f6b7881426
2/pytz-2022.6-py2.py3-none-any.whl (498 kB)
     ---------------------------------------- 498.1/498.1 kB 276.2 kB/s eta 0:00:00
Requirement already satisfied: numpy>=1.21.0 in c:\program files\python310\lib\site-pack
Requirement already satisfied: six>=1.5 in c:\users\administrator\appdata\roaming\python
ython-dateutil>=2.8.1->pandas) (1.16.0)
Installing collected packages: pytz, python-dateutil, pandas
Successfully installed pandas-1.5.1 python-dateutil-2.8.2 pytz-2022.6
```

图 11-2　Pandas 的安装过程

11.2.3 Pandas 的数据结构及应用

Pandas 数据结构如表 11-3 所示。

表 11-3　Pandas 数据结构

维　　数	名　　称	描　　述
一	Series	带标签的一维同构数组
二	DataFrame	带标签的、大小可变的二维异构表格

1. Pandas 的数据结构 Series

Pandas Series 类似表格中的一个列(column),类似于一维数组,可以保存任何数据类型。

Series 由索引(index)和列组成,方法如下:

pandas.Series(data, index, dtype, name, copy)

参数说明:

data:一组数据(ndarray 类型)。

index:数据索引标签,如果不指定,默认从 0 开始。

dtype:数据类型,默认会自己判断。

name:设置名称。

copy:复制数据,默认为 False。

【例 11-1】 创建一个简单的 Series 示例。

```
import pandas as pd
a = [1, 2, 3]
myvar = pd.Series(a)
print(myvar)
```

2. Pandas 的数据结构 DataFrame

DataFrame 是一个表格型的数据结构,它含有一组有序的列,每列可以是不同的值类型(数值、字符串、布尔型值)。DataFrame 既有行索引也有列索引,它可以被看作由 Series 组成的字典(共用一个索引)。

DataFrame 构造方法如下:

pandas.DataFrame(data, index, columns, dtype, copy)

参数说明:

data:一组数据(ndarray、series、map、lists、dict 等类型)。

index:索引值,或者可以称为行标签。

columns:列标签,默认为 RangeIndex (0, 1, 2, …, n)。

dtype:数据类型。

copy:复制数据,默认为 False。

【例 11-2】 创建一个简单的 DataFrame 示例。

```
import pandas as pd
data = [['Google',10],['Runoob',12],['Wiki',13]]
df = pd.DataFrame(data,columns = ['Site','Age'],dtype = float)
print(df)
```

3. Pandas CSV 文件

CSV(Comma-Separated Values),逗号分隔值,有时也称为字符分隔值,因为分隔字符也可以不是逗号,其文件以纯文本形式存储表格数据(数字和文本)。CSV 是一种通用的、相对简单的文件格式，被用户、商业和科学广泛应用。Pandas 可以很方便地处理 CSV 文件。

【例 11-3】 创建一个简单的 Pandas CSV 文件示例。

```
import pandas as pd
# 三个字段 name, site, age
nme = ["tsinghua", "baidu"]
st = ["http://www.tup.tsinghua.edu.cn/", "www.baidu.com"]
ag = [90, 40, 80, 98]
# 字典
dict = {'name': nme, 'site': st, 'age': ag}
df = pd.DataFrame(dict)
# 保存 dataframe
df.to_csv('site.csv')
```

4. Pandas JSON 文件

JSON(JavaScript Object Notation，JavaScript 对象表示法)是存储和交换文本信息的语法，类似 XML。JSON 比 XML 更小、更快、更易解析，更多 JSON 内容可以参考 JSON 教程。Pandas 可以很方便地处理 JSON 数据。

【例 11-4】 创建一个简单的 Pandas JSON 文件示例。

```
import pandas as pd
df = pd.read_json('test.json')
print(df.to_string())
```

5. Pandas 数据清洗

数据清洗是对一些没有用的数据进行处理的过程。

很多数据集存在数据缺失、数据格式错误、数据错误或数据重复的情况，如果要使数据分析更加准确，就需要对这些没有用的数据进行处理。

如果要删除包含空字段的行，可以使用 dropna()方法，语法格式如下：

```
DataFrame.dropna(axis = 0, how = 'any', thresh = None, subset = None, inplace = False)
```

参数说明：

axis：默认为 0，表示逢空值剔除整行，如果设置参数 axis=1 表示逢空值去掉整列。

how：默认为'any'，如果一行(或一列)里任何一个数据有出现 NA 就去掉整行；如果设置 how='all' 一行(或列)都是 NA 才去掉这一整行。

thresh：设置需要多少非空值的数据才可以保留下来的。

subset：设置想要检查的列。如果是多个列，可以使用列名的 list 作为参数。

inplace：如果设置 True，将计算得到的值直接覆盖之前的值并返回 None，修改的是源数据。

修改源数据 DataFrame，可以使用 inplace=True 参数，移除 ST_NUM 列中字段值为空的行，例如：

```
import pandas as pd
df = pd.read_csv('property-data.csv')
new_df = df.dropna(subset=['ST_NUM'], inplace = True)
print(new_df.to_string())
```

11.3 Matplotlib

11.3.1 Matplotlib 概述

matplotlib 是一个 python 2D 绘图库，利用它可以画出许多高质量的图像。只需几行代码即可生成直方图、条形图、饼图、散点图等。Matplotlib 可用于 Python 脚本、Python 和 IPython shell、Jupyter 笔记本，Web 应用程序服务器和 4 个图形用户界面工具包。Matplotlib 示例图如图 11-3 所示。

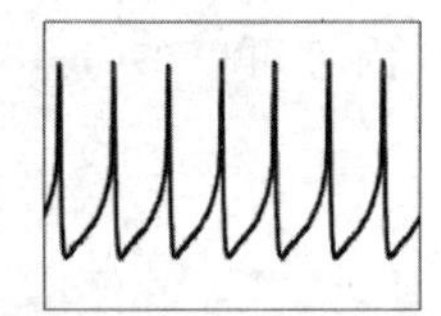
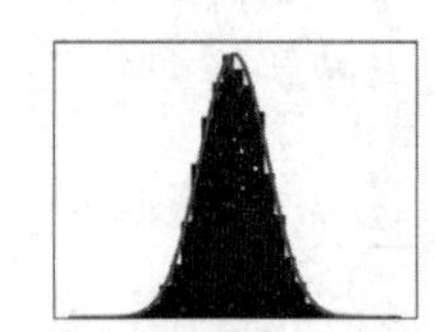
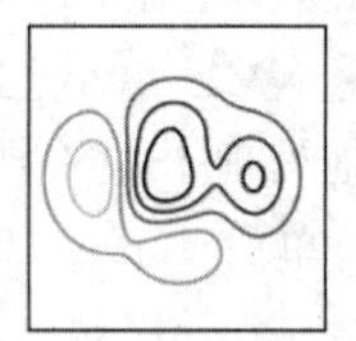

图 11-3　Matplotlib 示例图

Matplotlib 尝试使容易的事情变得更容易，使困难的事情变得简单。只需几行代码就可以生成图表、直方图、功率谱、条形图、误差图、散点图等。更多的示例请参见 Matplotlib 官网基础绘图例子和示例陈列馆。

为了简单绘图，pyplot 模块提供了类似于 MATLAB 的界面，尤其是与 IPython 结合使用时。对于高级用户，可以通过面向对象的界面或 MATLAB 用户熟悉的一组功能来完全控制线型、字体属性、轴属性等。

11.3.2 Matplotlib 的安装

安装命令为：

pip install -U pip，pip install -U matplotlib

安装过程如图 11-4 所示。

11.3.3 Matplotlib 的接口和方法

1. pylot API

matplotlib. pyplot( )方法是一组命令样式函数，使 Matplotlib 的工作方式类似于 MATLAB。每个 pylot 函数对图形进行一些更改。例如，创建图形、在图形中创建绘图区域、在绘图区域中绘制一些线、使用标签装饰绘图等。

pyplot()方法主要用于交互式绘图和编程绘图生成简单图例。

```
C:\Windows\system32>pip install matplotlib  -i https://mirrors.aliyun.com/pypi/simple/
Looking in indexes: https://mirrors.aliyun.com/pypi/simple/
Collecting matplotlib
  Downloading https://mirrors.aliyun.com/pypi/packages/d9/04/323462d71069381866a48a0f9b3
atplotlib-3.6.2-cp310-cp310-win_amd64.whl (7.2 MB)
     ---------------------------------------- 7.2/7.2 MB 332.8 kB/s eta 0:00:00
Requirement already satisfied: pyparsing>=2.2.1 in c:\users\administrator\appdata\roamin
rom matplotlib) (3.0.9)
Requirement already satisfied: numpy>=1.19 in c:\program files\python310\lib\site-packag
Requirement already satisfied: packaging>=20.0 in c:\users\administrator\appdata\roaming
om matplotlib) (21.3)
Requirement already satisfied: python-dateutil>=2.7 in c:\program files\python310\lib\si
2)
Collecting fonttools>=4.22.0
  Downloading https://mirrors.aliyun.com/pypi/packages/e3/d9/e9bae85e84737e76ebbcbea1360
onttools-4.38.0-py3-none-any.whl (965 kB)
     ---------------------------------------- 965.4/965.4 kB 343.3 kB/s eta 0:00:00
Collecting kiwisolver>=1.0.1
  Downloading https://mirrors.aliyun.com/pypi/packages/68/20/2ce1186ef4edf47281faf58f6dd
iwisolver-1.4.4-cp310-cp310-win_amd64.whl (55 kB)
     ---------------------------------------- 55.3/55.3 kB 205.6 kB/s eta 0:00:00
Collecting contourpy>=1.0.1
  Downloading https://mirrors.aliyun.com/pypi/packages/5f/20/1599119177260b7000332737398
ontourpy-1.0.6-cp310-cp310-win_amd64.whl (163 kB)
     ---------------------------------------- 163.6/163.6 kB 363.4 kB/s eta 0:00:00
Collecting cycler>=0.10
  Downloading https://mirrors.aliyun.com/pypi/packages/5c/f9/695d6bedebd747e5eb0fe8fad57
ycler-0.11.0-py3-none-any.whl (6.4 kB)
Collecting pillow>=6.2.0
  Downloading https://mirrors.aliyun.com/pypi/packages/40/57/c8695a77561a83bd39eba30daf4
illow-9.3.0-cp310-cp310-win_amd64.whl (2.5 MB)
     ---------------------------------------- 2.5/2.5 MB 295.3 kB/s eta 0:00:00
Requirement already satisfied: six>=1.5 in c:\users\administrator\appdata\roaming\python
on-dateutil>=2.7->matplotlib) (1.16.0)
```

图 11-4　matplotlib 安装过程

2. 面向对象的 API

Matplotlib 的核心是面向对象的。如果需要对 plots 进行更多控制和自定义，建议直接使用对象。

在许多情况下，将使用 pyplot.subplots()方法创建一个图形和一个或多个轴，然后只处理这些对象。不过，也可以显式创建图形(例如，当图形包含在 GUI 应用程序中时)。

3. pylab 接口(不建议)

pylab 是一个模块，它在单个名称空间中包含 matplotlib.pyplot(opens new window)、numpy(opens new window)和一些附加函数。它最初的目的是通过将所有函数导入全局名称空间来模仿类似 MATLAB 的工作方式。这在当今被认为是不好的风格。

4. 创建画板

创建 figure 和 axes 对象，其中前者为所有绘图操作定义了顶层类对象 figure，相当于是提供了画板；而后者则定义了画板中的每一个绘图对象 axes，相当于画板内的各个子图。换句话说，figure 是 axes 的父容器，而 axes 是 figure 的内部元素，而常用的各种图表、图例、坐标轴等则又是 axes 的内部元素。画板的常用方法如表 11-4 所示。

表 11-4 画板的常用方法

方　法	说　明
figure()	主要接收一个元组作为 figsize 参数设置图形大小，返回一个 figure 对象用于提供画板
axes()	接收一个 figure 或在当前画板上添加一个子图，返回该 axes 对象，并将其设置为"当前"图，默认时会在绘图前自动添加
subplot()	主要接收 3 个数字或 1 个三位数(自动解析成 3 个数字，要求解析后数值合理)作为子图的行数、列数和当前子图索引，索引从 1 开始(与 MATLAB 保持一致)，返回一个 axes 对象用于绘图操作。这里，可以理解成是先隐式执行了 plt. figure，然后在创建的 figure 对象上添加子图，并返回当前子图实例
subplots()	主要接收一个行数 nrows 和列数 ncols 作为参数(不含第三个数字)，创建一个 figure 对象和相应数量的 axes 对象，同时返回该 figure 对象和 axes 对象嵌套列表，并默认选择最后一个子图作为"当前"图

5. 绘制图表

常用图表形式如表 11-5 所示。

表 11-5 常用图表形式

形　式	说　明
plot	折线图或点图，实际是调用了 line 模块下的 Line2D 图表接口
scatter	散点图，常用于表述两组数据间的分布关系，也可由特殊形式下的 plot 实现
bar/barh	条形图或柱状图，常用于表达一组离散数据的大小关系，比如一年内每个月的销售额数据；默认为竖直条形图，可选 barh 绘制水平条形图
hist	直方图，形式上与条形图很像，但表达意义却完全不同：直方图用于统计一组连续数据的分区间分布情况。例如，有 1000 个正态分布的随机抽样，那么其直方图应该是大致满足钟形分布；条形图主要是适用于一组离散标签下的数量对比
pie	饼图，主要用于表达构成或比例关系，一般适用于少量对比
imshow	显示图像，根据像素点数据完成绘图并显示

6. 配置图例

对所绘图形进一步添加图例元素，例如设置标题、坐标轴、文字说明等，常用接口方法如表 11-6 所示。

表 11-6 常用接口方法

方　法	说　明
title()	设置图表标题
axis/xlim/ylim()	设置相应坐标轴范围，其中 axis 是对 xlim 和 ylim 的集成，接收 4 个参数分别作为 x 和 y 轴的范围参数
grid()	添加图表网格线
Legend()	在图表中添加 label 图例参数后，通过 legend 进行显示
xlabel/ylabel()	分别用于设置 x、y 轴标题
xticks/yticks()	分别用于自定义坐标轴刻度显示
text/arrow/annotation()	分别在图例指定位置添加文字、箭头和标记，一般很少用

11.4　综合应用示例

【例 11-5】　学生成绩分布柱状图示例。

问题描述：对于本例，学生成绩保存在 txt 文件中，当然也可以保存在 excel 文件中，如采用 pandas.read_excel()方法实现，但由于多个班级分数保存可能不连续，所以本例以 txt 的方式读取学生成绩。运行结果如图 11-5 所示。

代码如下：

```
import pandas
import numpy
import matplotlib.pyplot as plt
plt.rcParams["font.sans-serif"] = ["SimHei"]         #设置字体
plt.rcParams["axes.unicode_minus"] = False           #该语句解决图像中的"-"(负号)乱码问题
scores = numpy.loadtxt('scode.txt')
bins = [0,60,70,80,90,101]
group_names = ['0-60','60-70','70-80','80-90','90-101']
#cut 方法作用范围为[).
cuts = pandas.cut(numpy.array(scores),bins,right = False,labels = group_names)
counts = pandas.value_counts(cuts,sort = False)
rects = plt.bar(counts.index,counts)
plt.title('学生成绩分布')
plt.xlabel('分数段')
plt.ylabel('数量')
plt.bar_label(rects,counts)
plt.show()
```

运行结果如图 11-5 所示。

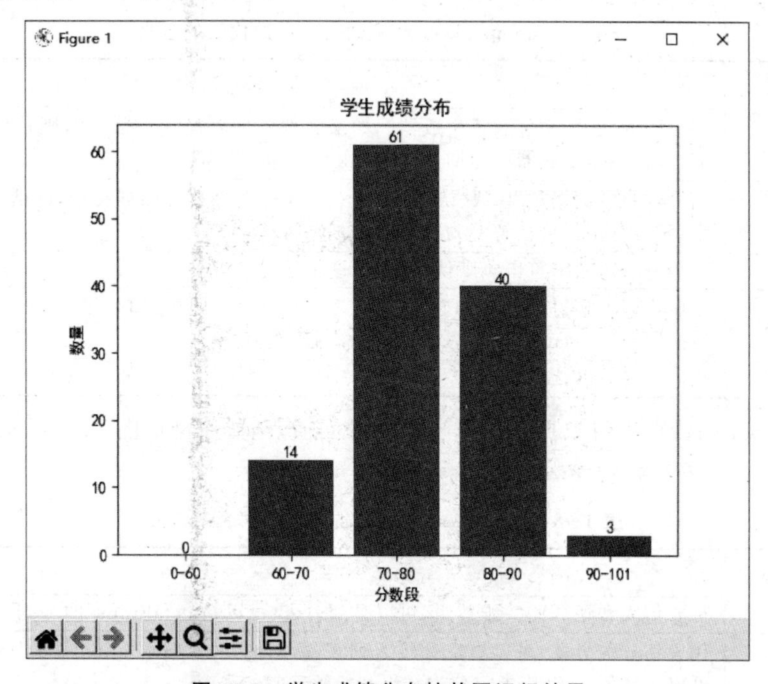

图 11-5　学生成绩分布柱状图运行结果

其中 numpy. loadtxt()方法加载数据文件,方法原型如图 11-6 所示。

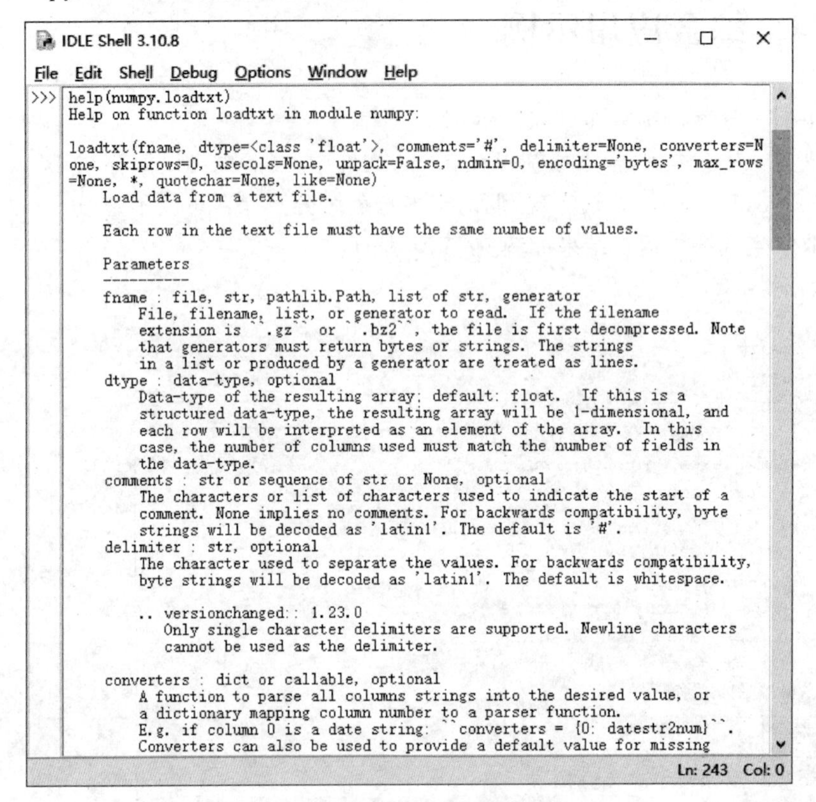

图 11-6 numpy. loadtxt()方法原型

numpy. loadtxt()方法各个参数代表的含义如表 11-7 所示。

表 11-7 numpy. loadtxt 函数各个参数代表的含义

参数名称	含 义
fname	要读取的文件,文件名或生成器。如果文件扩展名是. gz 或. bz2,则首先将文件解压缩。请注意,生成器应返回 Python 3k 的字节字符串
dtype	结果数组的数据类型;默认值:浮动。如果这是结构化数据类型,则结果数组将为一维,并且每一行将被解释为数组的元素
delimiter	用于分隔值的字符串。默认情况下,这是任何空格
converters	字典将列号映射到将该列转换为浮点数的函数。例如,如果第 0 列是日期字符串:转换器={0:datestr2num}。默认值:无
skiprows	跳过第一行默认值:0

pandas. cut 函数可以将数据分类成不同的区间值,函数原型如图 11-7 所示。

pandas. cut()方法各个参数代表的含义如表 11-8 所示。

表 11-8 pandas. cut()方法各个参数代表的含义

参数名称	含 义
x	是要传入和切分的一维数组,可以是列表,也可以是 dataFrame 的一列
bins	代表切分的方式,可以自定义传入列表[a,b,c],表示按照 a-b,b-c 的区间来切分,也可以是数值 n,直接指定分为 n 组

续表

参数名称	含　义
right	True/False，为 True 时，表示分组区间是包含右边，不包含左边，即( ]；False，代表[ )
labels	标签参数，比如[低、中、高]
retbins	True/False，是 True 时返回 bi n 的具体范围值，当 bins 是单个数值时很有用
precision	存储和显示 bin 标签的精度。默认为 3
include_lowest	True/False，表示第一个区间是否应该是左包含的
duplicates	raise/drop，如果 bin 列表里有重复，报错/直接删除至保留一个
ordered	表示标签是否有序。适用于返回的类型 Categorical 和 Series(使用 Categorical dtype)。如果为 True，则将对生成的分类进行排序。如果为 False，则生成的分类将是无序的(必须提供标签)

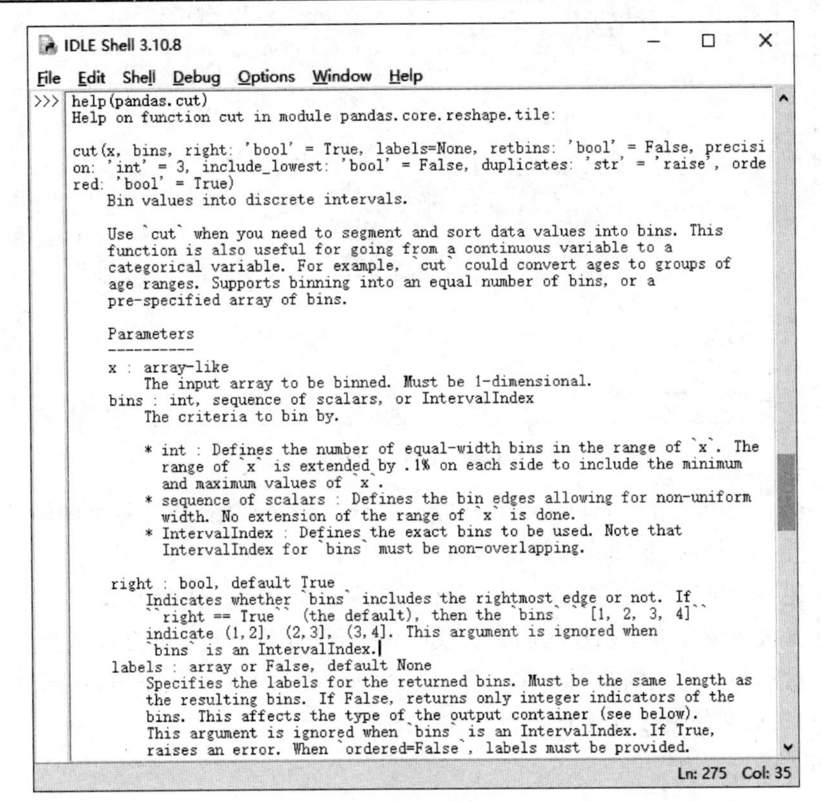

图 11-7　pandas. cut 函数原型

pandas. value_counts()方法用来统计数据表中指定列里有多少个不同的数据值，并计算每个不同值在该列中的个数，同时还能根据指定的参数返回排序后的结果。方法原型如图 11-8 所示。

pandas. value_counts()方法各个参数代表的含义如表 11-9 所示。

表 11-9　pandas. value_counts()方法各个参数代表的含义

参数名称	含　义
sort	是否要进行排序(默认进行排序，取值为 True)
ascending	默认降序排序(取值为 False)，升序排序取值为 True

续表

参数名称	含　义
normalize	是否要对计算结果进行标准化，并且显示标准化后的结果，默认是 False
bins	可以自定义分组区间，默认是 False
dropna	是否包括对 NaN 进行计数，默认不包括

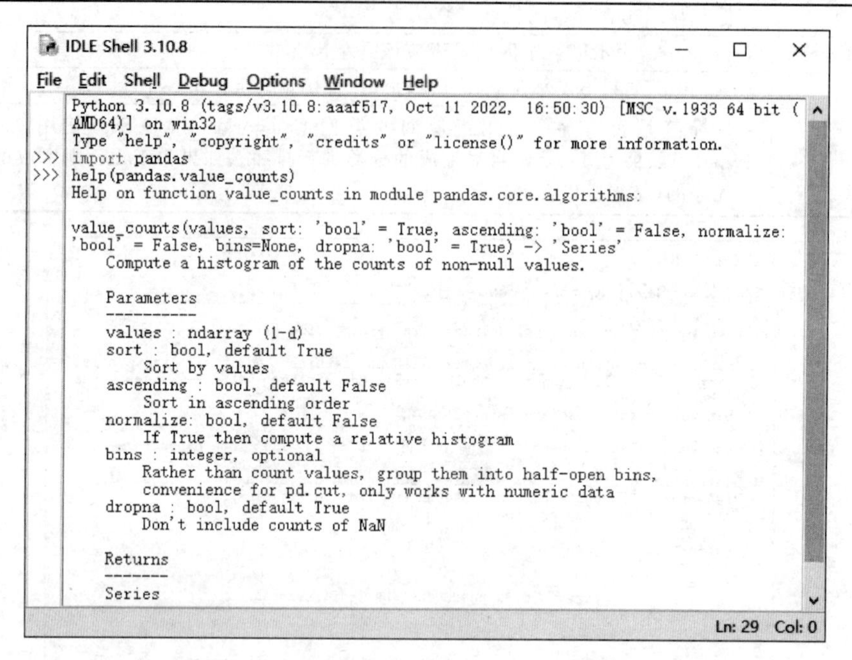

图 11-8　pandas.value_counts()方法原型

【例 11-6】 为姓名和计算机成绩数据绘制柱状图和折线图，统计各个同学总成绩和平均成绩，并绘制总成绩柱状图和平均成绩饼图。

问题描述：打开学生成绩文件 test.csv(或者其他文件)，提取数据，建立 4 个子图，分别为姓名和计算机成绩数据绘制柱状图和折线图，然后统计各个同学的总成绩和平均成绩，绘制总成绩柱状图和平均成绩饼图。在进行数据处理计算时需要利用 Pandas 库进行，Pandas 库用来处理 CSV 文件十分方便。

代码如下：

```
import pandas as pd
import matplotlib.pyplot as plt
import matplotlib
matplotlib.rcParams['font.family'] = 'SimHei'
matplotlib.rcParams['font.sans - serif'] = 'SimHei'
fr = pd.read_csv('test1.csv', header = 0, encoding = 'gbk')
xm = fr['姓名']
ji = fr['单片机']
zc = fr['总成绩'] = fr['单片机'] + fr['RFID'] + fr['PYTHON']
fr['平均成绩'] = fr['总成绩']/(fr.shape[1] - 2)
fr['平均成绩'] = fr['平均成绩'].apply(lambda x: format(x, '.2f'))
pj = fr['平均成绩']
fr.to_csv('test2.csv', index = None)
```

```
plt.figure()
plt.subplots_adjust(wspace = 0.4,hspace = 0.5)      # 调整子图之间的位置,防止子图之间覆盖
plt.subplot(221)
plt.bar(xm,ji)
for a,b,i in zip(xm,ji,range(len(xm))):
    plt.text(a,b + 0.01,ji[i],ha = 'center',fontsize = 10)
plt.ylabel('单片机成绩')
plt.xlabel('姓名')
plt.title('单片机成绩柱状图')
plt.subplot(222)
plt.plot(xm,ji)
plt.ylabel('单片机成绩')
plt.xlabel('姓名')
plt.title('单片机成绩折线图')
plt.subplot(223)
plt.bar(xm,zc,color = 'purple')
for a,b,i in zip(xm,zc,range(len(xm))):
    plt.text(a,b + 0.01,zc[i],ha = 'center',fontsize = 10)
plt.ylabel('总成绩')
plt.xlabel('姓名')
plt.title('总成绩柱状图')
plt.subplot(224)
plt.pie(pj,labels = xm,autopct = '%2.2f')           # 显示的百分比保留两位小数
plt.title('平均成绩饼状图')
plt.savefig('成绩分析.png')
plt.show()
```

运行结果如图 11-9 所示。

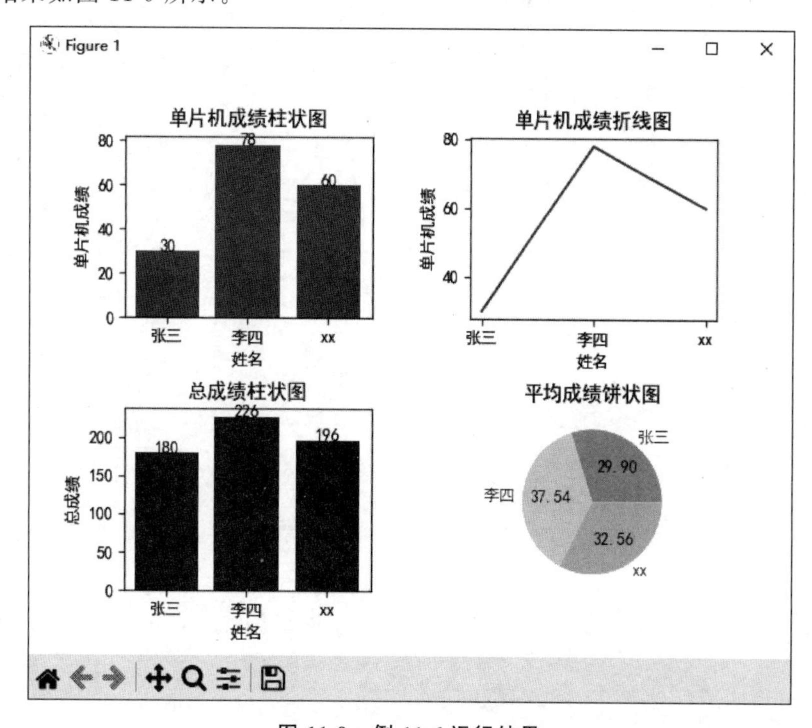

图 11-9　例 11-6 运行结果

本章习题

简答与操作题

1. 学生成绩分布柱状图实例中，如果采用折线图如何实现？
2. 什么是 NumPy、Pandas 和 Matplotlib？
3. 为什么说 Pandas 就像一把万能瑞士军刀，它的优势有哪些？

第12章

网络爬虫

CHAPTER 12

本章学习目标

- 掌握网络爬虫不同库的基本原理。
- 掌握Scrapy框架的安装方法及基本用法。
- 能够运用Scrapy框架设计出基本网络爬虫。

网络爬虫是现代互联网发展的产物，尤其Web 2.0以来，大数据时代对于数据内在价值越来越受到人们的重视，同时也是未来人们向往的价值体现的地方。面对如此大的应用数据价值，如何发现和下载这些数据就成为发现价值的首要任务。网络爬虫技术就是在这样的应用背景下发展并壮大起来的技术。

网络爬虫是用于网络数据采集的关键技术，它是一种按照一定的规则自动地抓取互联网信息的程序或脚本，已经被广泛用于互联网搜索引擎和其他需要网络数据的企业。本章首先从网络爬虫的概念说起，然后介绍Python常用的爬虫库，最后以Scrapy为重点介绍该库的使用方法，通过实例的方式给出Scrapy库的应用方法。

12.1 爬虫原理

网络爬虫又称网络蜘蛛、网络机器人，它是一种按照一定的规则自动浏览、检索网页信息的程序或者脚本。网络爬虫能够自动请求网页，并将所需要的数据抓取下来。通过对抓取的数据进行处理，从而提取出有价值的信息。Python 支持多个爬虫模块，比如 urllib、requests、Bs4 等，除此之外，Python 的请求模块和解析模块丰富成熟，并且还提供了强大的 Scrapy 框架，让编写爬虫程序变得更为简单。

常用的 Python 爬虫库包括以下几种。

1. urllib

Pythonurllib 库用于操作网页 URL，并对网页的内容进行抓取处理。

urllib 库包含如表 12-1 所示的几个模块。

表 12-1　urllib 包含的模块

模　　块	解　　释
urllib. request	打开和读取 URL
urllib. error	包含 urllib. request 抛出的异常
urllib. parse	解析 URL
urllib. robotparser	解析 robots. txt 文件

例如：

```
from urllib import request
resp = request.urlopen('http://www.baidu.com')
html = resp.read()
print(html)
```

运行结果如图 12-1 所示。

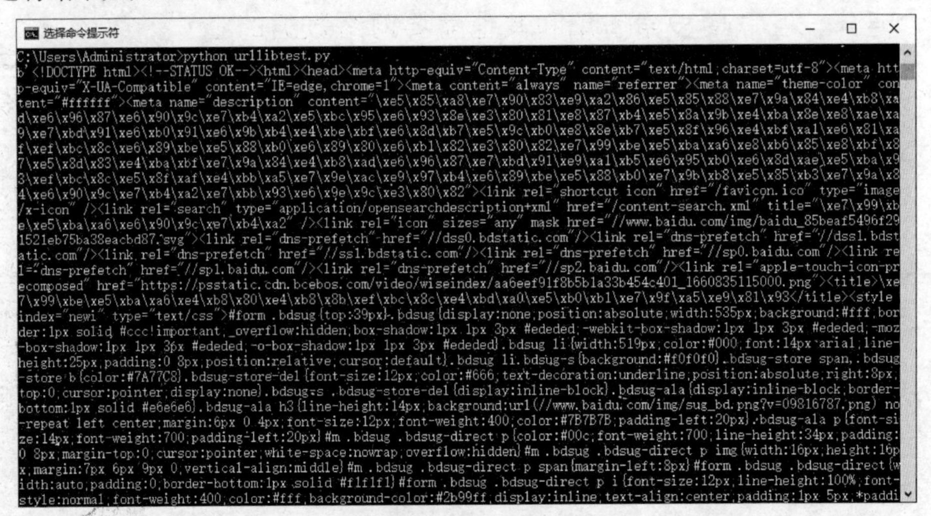

图 12-1　urllib 运行结果

2. urllib3

urllib3 是一个功能强大，条理清晰，用于 HTTP 客户端的 Python 库，许多 Python 的原生系统已经开始使用 urllib3。urllib3 提供了很多 Python 标准库里没有的重要特性：线程安全，连接池，客户端 SSL/TLS 验证，文件分部编码上传，协助处理重复请求和 HTTP 重定位，支持压缩编码，支持 HTTP 和 SOCKS 代理，100%测试覆盖率。

例如：

```
import urllib3
http = urllib3.PoolManager()
res = http.request('GET','http://www.baidu.com')
print(res.status)
print(res.data)
```

运行结果如图 12-2 所示。

图 12-2　Urllib3 运行结果

3. requests

requests 是 Python 实现的一个简单易用的 HTTP 库，它比 urllib 更简洁。

例如：

```
import requests
url = r'https://www.baidu.com'
ret = requests.get(url)
print(ret.encoding)                    #处理乱码问题
print(ret.apparent_encoding)           #处理乱码问题
ret.encoding = ret.apparent_encoding
print(ret.text)
```

运行结果如图 12-3 所示。

图 12-3 requests 运行结果

4. BeautifulSoup

BeautifulSoup 是一个可以从 HTML 或 XML 文件中提取数据的 Python 库。由于 BeautifulSoup 是基于 Python 的，所以相对来说速度会比另一个 XPath 慢一些，但是其功能也是非常强大的。

例如：

```
from bs4 import BeautifulSoup
import requests
url = 'http://www.baidu.com'
headers = {
    'User - Agent':''
    }
    rep = requests.get(url = url,headers = headers)
page = rep.text
soup = BeautifulSoup(page,'lxml')
print(soup)
```

运行结果如图 12-4 所示。

5. Scrapy

Scrapy 是用纯 Python 实现的一个为了爬取网站数据，提取结构性数据而编写的应用

图 12-4　BeautifulSoup 运行结果

框架，用途非常广泛。由于框架的力量，用户只需要定制开发几个模块就可以轻松地实现一个爬虫，用来抓取网页内容以及各种图片，非常方便。

Scrapy 使用了 Twisted[twistid](其主要对手是 Tornado)异步网络框架来处理网络通信，可以加快下载速度，不用自己去实现异步框架，并且包含了各种中间件接口，可以灵活地完成各种需求。Scrapy 框架系统的组成如图 12-5 所示。

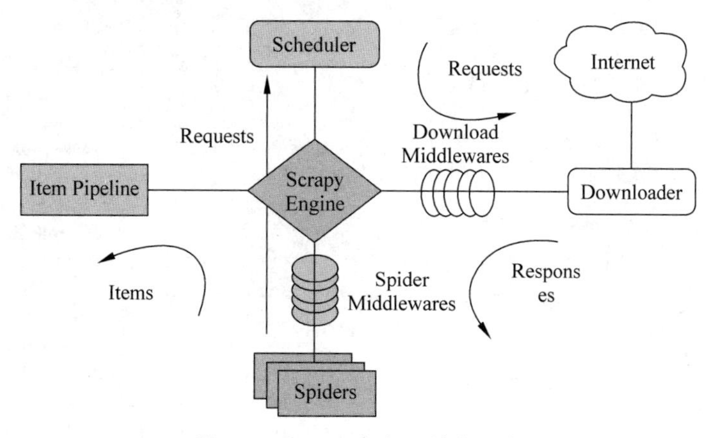

图 12-5　Scrapy 框架系统的组成

Scrapy Engine(引擎)：负责 Spider ItemPipeline Downloader Scheduler 中间的通讯，信号、数据传递等。

Scheduler(调度器)：负责接收引擎发过来的 Requesti 请求，并按照一定的方式进行整理排列，入队，当引擎需要时，交还给引擎。

Downloader(下载器)：负责下载 Scrapy Engine(引擎)发送的所有 Request 请求，并将其获取到的 Response 交还给 Scrapy Engine(引擎)，由引擎交给 Spider 来处理。

Spider(爬虫)：负责处理所有 Response，从中分析提取数据，获取 item 字段需要的数据，并将需要跟进的 URL 提交给引擎，再次进入 Scheduler(调度器)。

Item Pipeline(管道)：负责处理 Spider 中获取到的 item，并进行后期处理(详细分析、过滤、存储等)。

Dounloader Middlewares(下载中间件)：可以当作是一个可以自定义扩展下载功能的组件。

Spider Middlewares(Spidert 中间件)：可以理解为一个可以自定扩展及操作引擎和 Spider 中间通信的功能组件(比如进入 Spider 的 Responses 和从 Spider 出去的 Requests)。

12.2 Scrapy 框架

12.2.1 Scrapy 的安装

Windows 环境下的安装方式：首先 scrapy 框架支持 Python 2/3 版本，其次升级 pip 版本：pip install --upgrade pip。最后通过 pip 安装 Scrapy 框架 pip install Scrapy -i 清华大学镜像网站。

如果阿里云的镜像不可用，为了快速安装，可查询其他镜像。由于 Scrapy 体量大，因此依赖库也多，在不同的平台环境下，它所依赖的库也各不相同。Windows 系统主要依赖 LXML、pyOpenSSL、Twisted、pyWin32 以及 Scrapy 库本身，而 Windows 采用 pip 安装会出现各种各样的问题，所以在 Windows 环境下最好分别安装各种依赖。

1. Twisted 库安装

Twisted 模块手动安装，需要下载和 Python 版本、操作系统位数一致的 wheel 文件，否则手动安装也会失败，软件包有 32 位和 64 位版本，根据安装的 Python 具体版本确定下载的版本，下载后进入 cmd，运行命令 pip install 路径＋文件名，网址：pythonlib 对应的网站(详见前言中的二维码)，Twisted whl 文件如图 12-6 所示，安装过程如图 12-7 所示。

2. 安装 Scrapy

安装好依赖库之后，运行 pip install Scrapy 即可，如果出现安装成功，但敲 scrapy 命令，显

Twisted-22.4.0-py3-none-any.whl
Twisted-20.3.0-cp39-cp39-win_amd64.whl
Twisted-20.3.0-cp39-cp39-win32.whl
Twisted-20.3.0-cp38-cp38-win_amd64.whl
Twisted-20.3.0-cp38-cp38-win32.whl
Twisted-20.3.0-cp37-cp37m-win_amd64.whl
Twisted-20.3.0-cp37-cp37m-win32.whl
Twisted-20.3.0-cp36-cp36m-win_amd64.whl
Twisted-20.3.0-cp36-cp36m-win32.whl
Twisted-19.10.0-cp35-cp35m-win_amd64.whl
Twisted-19.10.0-cp35-cp35m-win32.whl
Twisted-19.10.0-cp27-cp27m-win_amd64.whl
Twisted-19.10.0-cp27-cp27m-win32.whl
Twisted-18.9.0-cp34-cp34m-win_amd64.whl
Twisted-18.9.0-cp34-cp34m-win32.whl
Twisted-16.6.0-cp311-cp311-win_amd64.whl

图 12-6 Twisted whl 文件

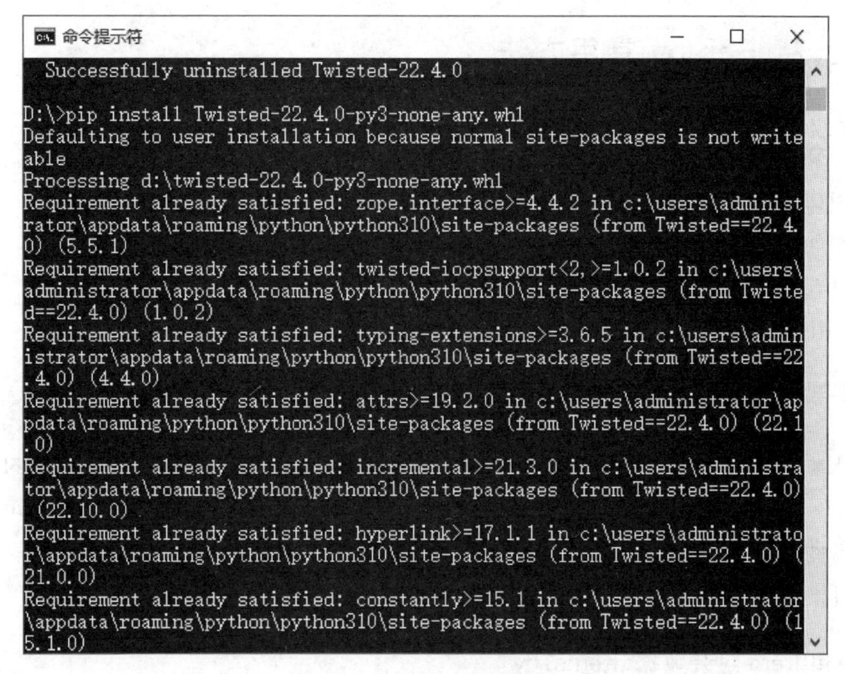

图 12-7　Twisted 安装过程

示"没有不是内部或外部命令,也不是可运行的程序",就需要运行 pip uninstall scrapy,然后重新安装,从新安装运行 pip install -force -upgrade scrapy。

3. 验证是否安装成功

在终端输入 scrapy,若出现如图 12-8 所示的结果,则安装成功。

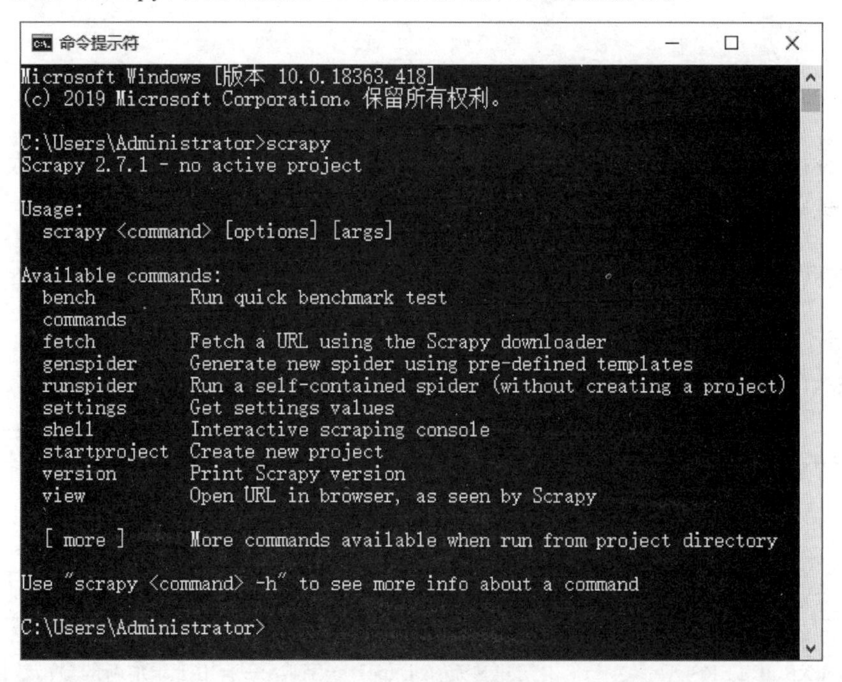

图 12-8　scrapy 测试

12.2.2 Scrapy 常用方法

1. 提取常用方法

- extract()方法对结果以列表的形式进行返回；
- extract_first()方法对 extract()方法返回的结果列表取第一个元素；
- re()方法对结果使用正则表达式进行再提取；
- re_first()方法返回第一个 re()方法的结果。

2. 调用 selector 的方法

selector 类的实现位于 scrapy. selector 模块，通过创建对象即可使用 css 或 xpath 解析方法。当然，实际开发中，可以不用创建 Selector 对象，因为当第一次访问 Response 对象的 selector 属性时，Response 对象会自动创建 Selector 对象，同时在 Response 对象中内置了 selector 对象的 css 和 xpath 方法以供使用。

3. 使用 Item 封装数据(items. py)

数据段的基类：Item 基类。

描述数据包含哪些字段的类：FIeld 类。

4. 使用 Item Pipeline 处理数据(pipelines. py)

Item Pipeline 的几种典型应用为：清洗数据，验证数据的有效性，过滤重复的数据，将数据存入数据库。

5. 使用 LinkExtractor 提取链接

提取链接信息有两种方法，简单少量的链接使用 Selector 就足够了，而对于大量的链接或者复杂规则的链接，使用 LinkExtractor 更方便。

6. 使用 Exporter 导出数据(settings. py)

命令行：scrapy crawl -o xx. json 或 scrapy crawl -o xx. json -t json。

配置选项如表 12-2 所示。

表 12-2 配置选项

选项	含义
FEED_URI	导出文件路径
FEED_FORMAT	导出数据格式
FEED_EXPORT_ENCODING	导出文件编码方式
FEED_EXPORT_FIELDS	指定导出哪些字段并排序
FEED_EXPORTERS	用户自定义 Exporter 字典，一般用于添加新的导出数据格式

12.2.3 Scrapy 内置工具

1. 选择器

抓取网页时，需要执行的最常见的任务是从 HTML 源代码中提取数据。有几个库可以实现这一点：

(1) BeautifulSoup 在 Python 程序员中是一个非常流行的 Web 抓取库，它基于 HTML 代码的结构构造了一个 Python 对象，并且能够很好地处理错误的标记，但是它有一个缺点就是速度慢。

(2) lxml 是一个 XML 解析库（它也解析 HTML），是基于 ElementTree（LXML 不是 Python 标准库的一部分）库实现的。

(3) Scrapy 有自己的数据提取机制。它们被称为选择器，因为它们“选择”HTML 文档的某些部分的 XPath 或 CSS 表达。

(4) XPath 是一种在 XML 文档中选择节点的语言，也可以与 HTML 一起使用。CSS 是将样式应用于 HTML 文档的语言。它定义选择器，将这些样式与特定的 HTML 元素相关联。

构造选择器如下：

```
response.selector.xpath('//span/text()').get()
response.xpath('//span/text()').get()
response.css('span::text').get()
```

使用选择器方法如下：

```
response.xpath('//title/text()')
response.xpath('//title/text()').getall()
response.xpath('//title/text()').get()
response.css('title::text').get()
response.css('img').xpath('@src').getall()
```

scrapy 主要使用 XPATH 过滤 HTML 页面的内容，如何提取 XPATH 就成为提取页面信息的关键。下面以清华大学出版社网站搜索 Python 关键字为例进行阐述。

首先启动谷歌浏览器，进入出版社网站，然后在网页右键菜单中单击“检查”命令，在弹出的调试窗口中选择第一个 element 标签页，再单击 elements 左侧、黑色箭头的按钮，将鼠标移动到搜索到的书的位置上，如图 12-9 所示。

这时 element 标签页中的 HTML 代码会自动定位到包含某本书的位置上，然后在右键菜单中选择复制→复制 XPath 命令，就会复制当前标签的 XPath，如图 12-10 所示。

复制结果为“//*[@id="search-result-books"]/div/ul/li[1]/div[2]/span/span”的形式。为了验证是否为正确的信息提取，需要到 scrapy shell 中验证，验证结果如图 12-11 所示。

关于 CSS 选择器的扩展，根据 W3C 标准，CSS selectors 不支持选择文本节点或属性值。但是在 Web 抓取上下文中选择这些是非常重要的，所以采用 scrapp(parsel)方法实现了 non-standard pseudo-elements：

图 12-9　选取搜索信息

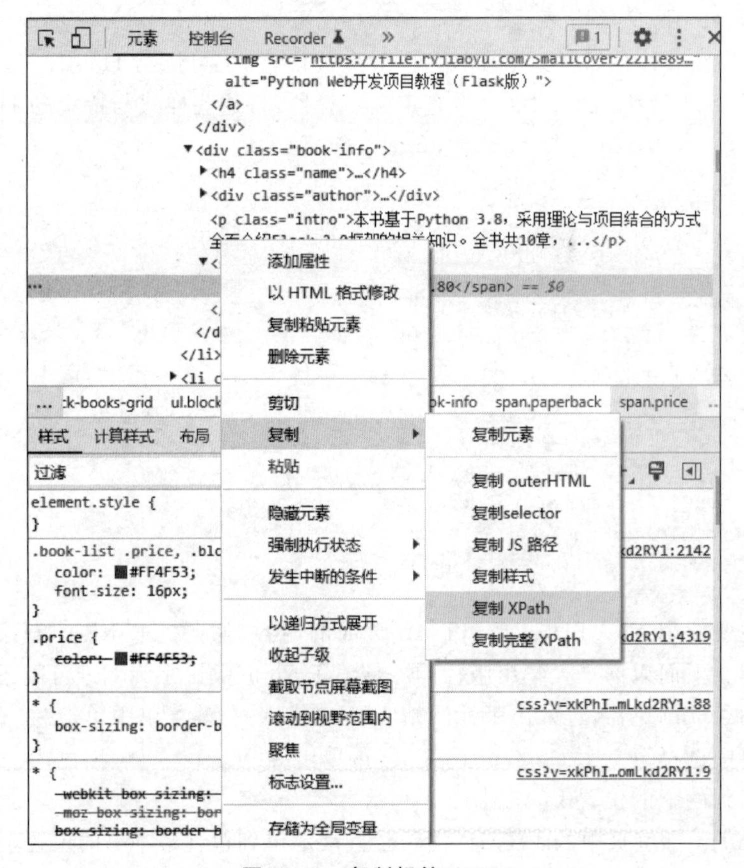

图 12-10　复制标签 XPath

要选择文本节点，应使用::text;

要选择属性值，应使用::attr(name)，name 是值属性的名称。

代码如下：

```
response.css('title::text').get()
response.css('#images * ::text').getall()
```

```
response.css('img::text').get()
response.css('img::text').get(default = '')
response.css('a::attr(href)').getall()
```

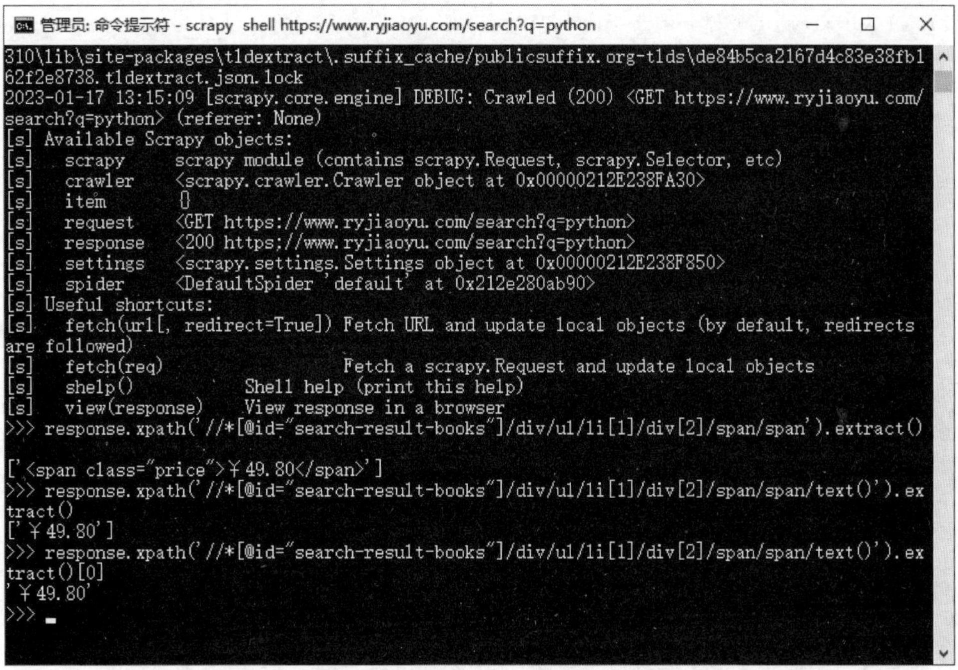

```
管理员: 命令提示符 - scrapy shell https://www.ryjiaoyu.com/search?q=python
310\lib\site-packages\tldextract\.suffix_cache/publicsuffix.org-tlds\de84b5ca2167d4c83e38fb1
62f2e8738.tldextract.json.lock
2023-01-17 13:15:09 [scrapy.core.engine] DEBUG: Crawled (200) <GET https://www.ryjiaoyu.com/
search?q=python> (referer: None)
[s] Available Scrapy objects:
[s]   scrapy     scrapy module (contains scrapy.Request, scrapy.Selector, etc)
[s]   crawler    <scrapy.crawler.Crawler object at 0x00000212E238FA30>
[s]   item       {}
[s]   request    <GET https://www.ryjiaoyu.com/search?q=python>
[s]   response   <200 https://www.ryjiaoyu.com/search?q=python>
[s]   settings   <scrapy.settings.Settings object at 0x00000212E238F850>
[s]   spider     <DefaultSpider 'default' at 0x212e280ab90>
[s] Useful shortcuts:
[s]   fetch(url[, redirect=True]) Fetch URL and update local objects (by default, redirects
are followed)
[s]   fetch(req)                  Fetch a scrapy.Request and update local objects
[s]   shelp()           Shell help (print this help)
[s]   view(response)    View response in a browser
>>> response.xpath('//*[@id="search-result-books"]/div/ul/li[1]/div[2]/span/span').extract()

['<span class="price">￥49.80</span>']
>>> response.xpath('//*[@id="search-result-books"]/div/ul/li[1]/div[2]/span/span/text()').ex
tract()
['￥49.80']
>>> response.xpath('//*[@id="search-result-books"]/div/ul/li[1]/div[2]/span/span/text()').ex
tract()[0]
'￥49.80'
>>>
```

图 12-11　scrapy shell 中验证 XPath

2. Feed 导出

在实现 scraper 时，最需要的功能之一是能够正确地存储被抓取的数据，这通常意味着用被抓取的数据（通常称为“导出提要”）生成一个“导出文件”，供其他系统使用。

Scrapy 在提要导出中提供了开箱即用的功能，它允许用户使用多种序列化格式和存储后端来生成带有所刮取项的提要。

为了序列化爬取数据，提要导出使用 Item exporters，开箱即用支持以下格式：JSON、杰森线、CSV、XML。

crawl 命令行示例：

```
scrapy crawl spidername -o "dirname/%(batch_id)d-filename%(batch_time)s.json"
```

3. 登录

scrapy.log 已经不赞成与函数一起使用，赞成显式调用 Python 标准日志记录。继续阅读以了解有关新日志记录系统的更多信息。零星用途 logging 用于事件日志记录。将提供一些简单的示例来帮助您入门，但对于更高级的用例，强烈建议您仔细阅读其文档。

日志记录是开箱即用的，可以在某种程度上使用中列出的 Scrapy 设置进行配置。

在标准的级别中，有一个用于发布日志消息的快捷方式，还有一个常规的 logging.log

方法，该方法将给定的级别作为参数。如果需要，示例可以为：

```
import logging
logging.log(logging.WARNING, "This is a warning")
logger = logging.getLogger()
logger.warning("This is a warning")
```

蜘蛛记录示例如下，scrapy 提供了一个 logger 在每个 Spider 实例中，可以按如下方式访问和使用：

```
import scrapy
class MySpider(scrapy.Spider):
    name = 'myspider'
    start_urls = ['https://scrapy.org']
    def parse(self, response):
        self.logger.info('Parse function called on %s', response.url)
```

这个记录器是使用蜘蛛的名称创建的，但是您可以使用任何想要的自定义 Python 记录器，例如：

```
import logging
import scrapy
logger = logging.getLogger('mycustomlogger')
class MySpider(scrapy.Spider):
    name = 'myspider'
    start_urls = ['https://scrapy.org']
    def parse(self, response):
```

4. 发送电子邮件

虽然 Python 通过 smtplib Slapy 类库提供了自己的发送电子邮件的工具，非常容易使用，并且使用 Twisted non-blocking IO，以避免干扰爬虫的非阻塞 IO。它还提供了一个简单的用于发送附件的 API，并且非常容易配置，其中有一些 settings。

有两种方法可以实例化邮件发送者。您可以使用标准 __init__ 方法：

```
from scrapy.mail import MailSender
mailer = MailSender()
```

或者可以通过一个 Scrapy 设置对象来实例化它，该对象将尊重 settings：

```
mailer = MailSender.from_settings(settings)
```

下面是如何使用它发送电子邮件(不带附件)示例：

```
mailer.send(to = ["someone@example.com"], subject = "Some subject", body = "Some body",\
        cc = ["another@example.com"])
```

5. 远程登录控制台

Scrapy 附带一个内置的 telnet 控制台，用于检查和控制 Scrapy 运行过程。telnet 控制台只是一个运行在 Scrapy 进程内部的常规 python shell,因此用户可以在其中做任何事情。

telnet 控制台是一个 built-in Scrapy extension 它在默认情况下是启用的,但如果需要,您也可以禁用它。有关扩展本身的更多信息,请参阅 Telnet 控制台扩展。

telnet 控制台侦听中定义的 TCP 端口 TELNETCONSOLE_PORT 设置,默认为 6023. 要访问控制台,您需要输入:

```
telnet localhost 6023
Trying localhost...
Connected to localhost.
Escape character is '^]'.
Username:
Password:
```

6. 统计数据集合

Scrapy 提供了一种方便的工具,可以以键/值的形式收集统计信息,其中值通常是计数器。该工具称为 stats collector,可以通过 stats 的属性 爬虫 API。

但是,stats collector 始终可用,因此无论 stats 集合是否启用,您都可以将其导入模块并使用其 API(以增加或设置新的 stat 键)。如果它被禁用,API 仍然可以工作,但它不会收集任何东西。这是为了简化 stats collector 的用法:在 spider、Scrapy 扩展名或从中使用 stats collector 的任何代码中,收集统计信息的代码不应超过一行。

stats collector 的另一个特性是,它在启用时非常高效,在禁用时非常高效(几乎不明显)。

stats 收集器为每个打开的 spider 保留一个 stats 表,该表在 spider 打开时自动打开,在 spider 关闭时关闭。

常用统计信息收集器使用,通过访问 stats Collector stats 属性。以下是访问统计信息的扩展示例:

```
class ExtensionThatAccessStats:
    def __init__(self, stats):
        self.stats = stats
    @classmethod
    def from_crawler(cls, crawler):
        return cls(crawler.stats)
```

设置统计值:

```
tats.set_value('hostname', socket.gethostname())
```

增量统计值:

```
stats.inc_value('custom_count')
```

仅当大于上一个值时设置 stat 值:

```
stats.max_value('max_items_scraped', value)
```

仅当低于上一个时设置 stat 值:

```
stats.min_value('min_free_memory_percent', value)
```

获取统计值：

```
stats.get_value('custom_count')
```

获取所有统计信息：

```
stats.get_stats()
```

12.2.4 Scrapy 实例

Scrapy 完成安装后，下一步从创建第一个简单的爬虫开始讲解 Scrapy 的简单应用。

在开始应用实例之前一定要查看一下安装后各个模块的依赖关系，为方便后续的使用也是为了方便一些莫名其妙的错误的出现时，查找原因。安装成功后，用 pip list 命令查看 Scrapy 依赖，如图 12-12 所示，后续所有的实例都是基于这些模块的版本，如果读者安装后出现不同的版本可能会报错。

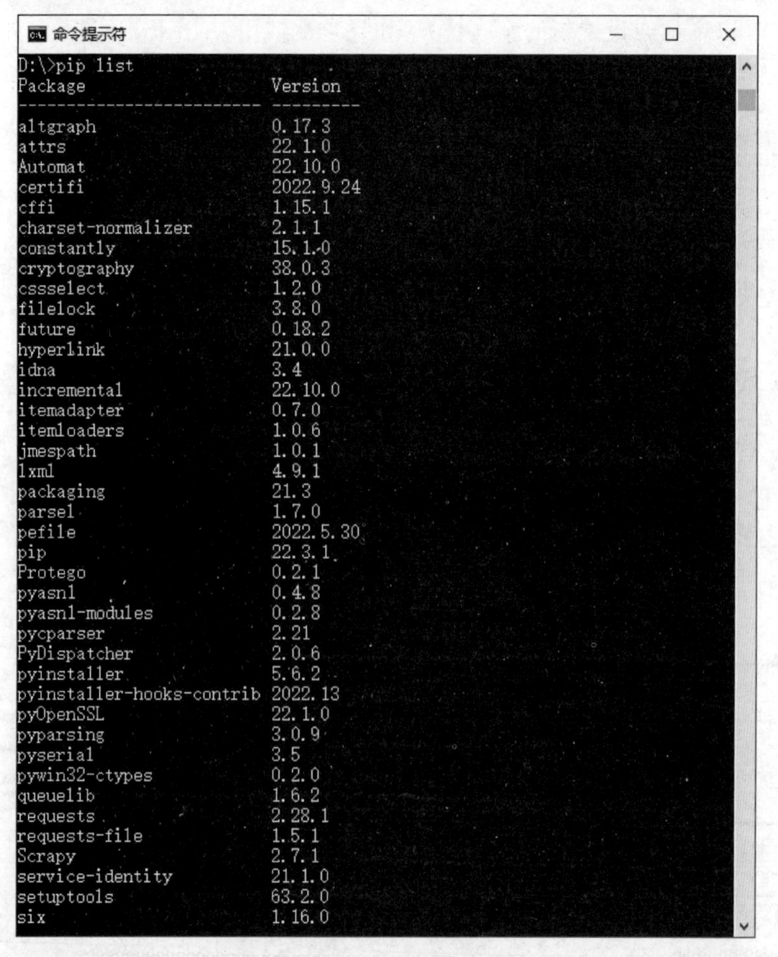

图 12-12 Scrapy 依赖库版本

这里抓取内容为百度贴吧：黑龙江科技大学，详见前言二维码。

通过观察页面 html 代码来帮助获得所需的数据内容。

工程建立：在控制台模式下进入要建立工程的文件夹执行如下命令创建工程：scrapy startproject baidutest。框架会自动在当前目录下创建一个 baidutest 的文件夹，工程文件就在里边。进入 baidutest 文件夹，用 tree 查看一下项目的原始文件结构，如图 12-13 所示。

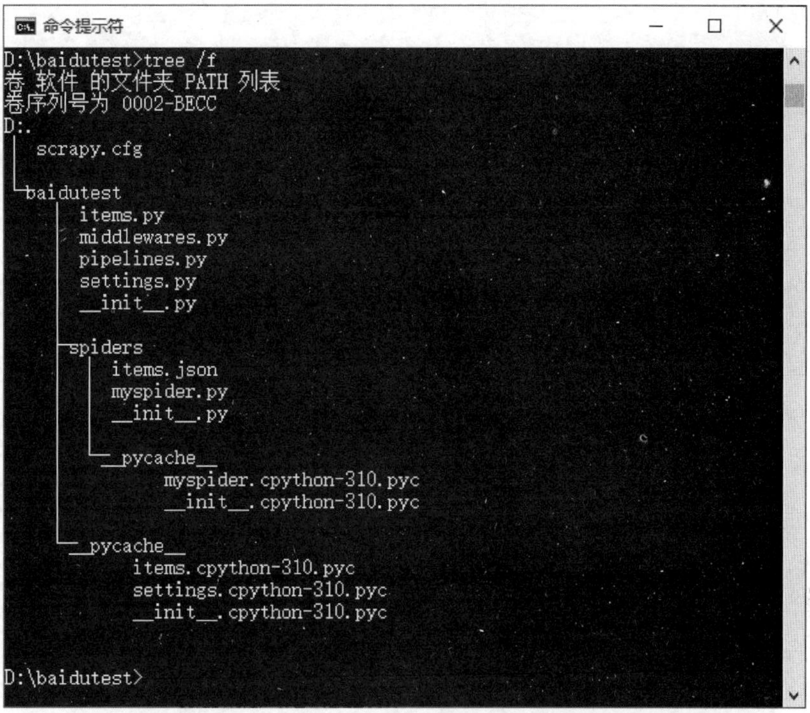

```
命令提示符
D:\baidutest>tree /f
卷 软件 的文件夹 PATH 列表
卷序列号为 0002-BECC
D:.
│  scrapy.cfg
│
└─baidutest
    │  items.py
    │  middlewares.py
    │  pipelines.py
    │  settings.py
    │  __init__.py
    │
    ├─spiders
    │  │  items.json
    │  │  myspider.py
    │  │  __init__.py
    │  │
    │  └─__pycache__
    │          myspider.cpython-310.pyc
    │          __init__.cpython-310.pyc
    │
    └─__pycache__
            items.cpython-310.pyc
            settings.cpython-310.pyc
            __init__.cpython-310.pyc


D:\baidutest>
```

图 12-13　scrapy 项目文件结构

__init__.py：原始目录结构文件说明。

scrapy.cfg：项目的配置文件。

baidutest/：该项目的 Python 模块。之后将在此加入代码。

baidutest /items.py：需要提取的数据结构定义文件。

baidutest /middlewares.py：是与 Scrapy 的请求/响应处理相关联的框架。

baidutest /pipelines.py：用来对 items 里面提取的数据做进一步处理，如保存等。

baidutest /settings.py：项目的配置文件。

baidutest /spiders/：放置 spider 代码的目录。起初里面只有一个__init__.py 文件。

实现过程如下：

（1）在 spiders 目录下新建爬虫 scrapy genspider baidutest 'baidu.com'，然后在 spider 目录下会生成一个 myspider.py 文件，并添加如下代码：

```
import scrapy
from scrapy.linkextractors import LinkExtractor
from scrapy.spiders import CrawlSpider, Rule
```

```
class baidutestSpider(CrawlSpider):
    name = 'baidutest'
    allowed_domains = ['baidu.com']
    start_urls = ['https://tieba.baidu.com/f?ie = utf - 8&kw = \
                 %E9%BB%91%E9%BE%99%E6%B1%9F%E7%A7%91%E6%\
                8A%80%E5%A4%A7%E5%AD%A6&fr = search']
    rules = (
        #这是帖子详情页的 url
        Rule(LinkExtractor(allow = r'/p/\d + '), callback = 'parse_item'),
        #这是下一页的
        Rule(LinkExtractor(allow = r'https://tieba.baidu.com/f\?kw\
                          = %E5%B7%B4%E5%A1%9E%E7%BD%97%E9%82%A3&ie\
                          = utf - 8&pn = \d + '), follow = True),)
    def parse_item(self, response):
        """处理帖子详情页"""
        item = {}
        item["标题"] = response.xpath('//div[@class = "left_section"]\
                                     //h3/text()').extract_first()
        item["图片"] = response.xpath('//img[@class = "BDE_Image"]\
                                     /@src').extract_first()
        yield item
```

(2) 由于在类 baidutestSpider 下定义了 name＝"baidutest"，所以执行命令：scrapy crawl baidutest -o items.json。-o 指定文件。这样就会看到此目录下生成了 items.json 文件。

运行过程如图 12-14 所示。

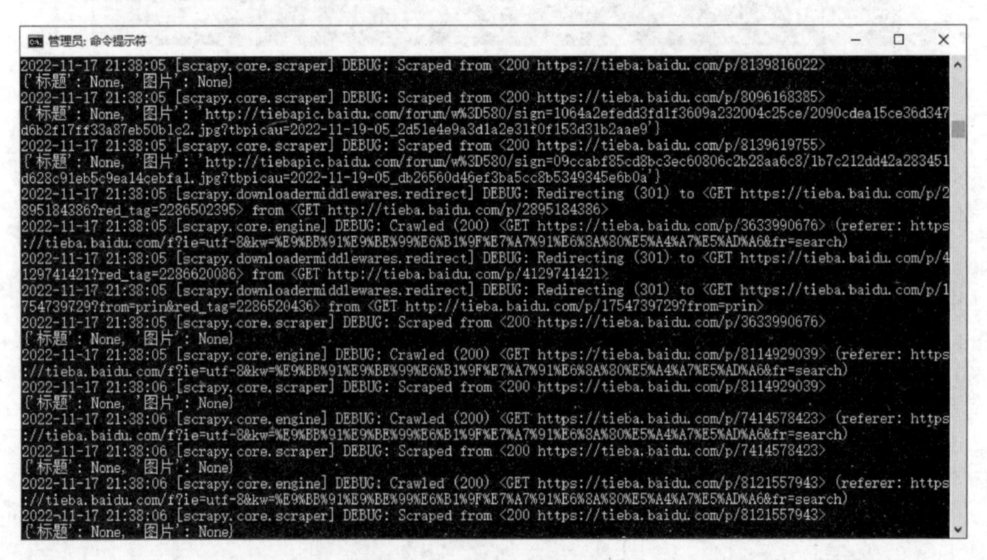

图 12-14　Scrapy 运行过程

查看 json 的内容，如图 12-15 所示。

至此，一个 Scrapy 的最简单应用就完成了。